反拖延心理学

争渡——著

苏州新闻出版集团
古吴轩出版社

图书在版编目（CIP）数据
反拖延心理学 / 争渡著. -- 苏州 ： 古吴轩出版社,
2025. 4. -- ISBN 978-7-5546-2626-9
Ⅰ. B84-49
中国国家版本馆CIP数据核字第2025YK7004号

责任编辑：李　倩
策　　划：周建林
封面设计：沐云BOOK DESIGN

书　　名：反拖延心理学
著　　者：争　渡
出版发行：苏州新闻出版集团
古吴轩出版社
地址：苏州市八达街118号苏州新闻大厦30F
电话：0512-65233679　　邮编：215123
出 版 人：王乐飞
印　　刷：大厂回族自治县彩虹印刷有限公司
开　　本：670mm×950mm　1/16
印　　张：11
字　　数：139千字
版　　次：2025年4月第1版
印　　次：2025年4月第1次印刷
书　　号：ISBN 978-7-5546-2626-9
定　　价：49.80元

前言

如果你某天早晨把闹钟关掉了3次，还是没有起床，那么，你当时是一种什么样的状态呢？

闹钟第一次响时，你想：再躺一会儿，早饭快一点儿吃就好了。闹钟第二次响时，你想：不吃早饭也行，办公桌上还有两包饼干呢。闹钟第三次响时，你想：等一下跑快一点儿，也别化妆了。最后，不起不行了，你穿上衣服就跑，别说化妆了，脸都没来得及洗。

起床拖延不过是拖延者最常见的表现，其拖延症状可能早已渗透到生活的方方面面，甚至有拖延者声称："你看吧，我要么已经开始拖延了，要么正琢磨着怎么拖延呢！"一直拖到deadline（截止日期），他们才开始六神无主、手忙脚乱地一通敷衍，还把生活弄得乱七八糟。

然而，你以为拖延者下一次就能吸取教训了吗？错！他们还会重复这个过程。不可否认，有些拖延是不得已，但更多的拖延源于懒惰和内心的麻木。

为了早日唤醒那些执迷于拖延的心，帮助更多的人走向自律，我们精心编写了这本对抗拖延的书。本书语言轻松、通俗易懂，又不乏坚实的理论支撑。同时，大量的案例更是对生活的还原，让人感同身受。为了让急切地想要摆脱拖延的读者更好、更快地成为自律的人，书中还设置了很多需要读者完成的测试、目标制定、行动规划等，以期读者能够在阅读之后获得真正的行动能力。

本书从拖延的心理成因、行为模式入手，再就如何面对拖延，克服拖延，走向自律，一步一步“施药”，最终达到让每一个拖延者成为更好的自己的目的。

诚然，每一场与拖延的对抗，都是与另一个自己寻求和解的过程，无须惧怕，但不能大意。本书想要表达的观点是，拖延很可怕，因为它悄悄改变了我们的人生，但战胜拖延我们志在必得，因为我们可以在日复一日的努力中以自律悄悄代替它！

最后，愿每一个读到此书的拖延者都能从点滴做起，不畏惧、不放弃，最终成为顶级的自律人！

目录

01 不懂就问：拖延到底是怎么回事

02 一拖再拖，都是借口惹的祸

03 拒绝内耗，拖延也许不全怪你

04 立即行动：克服拖延从“心”开始

07 整理时间：开启倍速人生

08 适度放松，磨刀不误砍柴工

01

不懂就问：拖延到底是怎么回事

大多数人或多或少有拖延的表现，总是想把今天的事放到明天再做。所以，有人调侃自己为“拖癌晚期”，明知不可为而为之。这是为什么呢？拖延到底是怎么回事呢？

你有拖延症吗

一年即将结束时，回首年初立下的目标，你完成了几个呢？

读完20本书。

来次说走就走的旅行。

减肥10斤。

学会某项小技能。

去做次全身体检。

…………

好像一个也没有完成。其实并没有什么特别的事耽误你完成计划，不过是大脑里一直闪动着的几句话在作祟——“过段时间”“明天吧”“不着急”“还有时间”……于是，一天天过去，终究什么也没有做。为此，你感觉惭愧、自责，立志接下来要重回正轨，但直到一年结束，你才猛然发现，那些有趣又有益的年初目标竟然无一例外地成了拖延的“炮灰”，而自己也成了名副其实的拖延症患者。

当然，尽管我们总是说“拖延症”，但严格来说，拖延问题并非一种精神疾病。因为即便你感觉自己在拖延这件事上已经无药可救，仍然无法在医院挂到拖延症科的号。而且，从国际通用的精神疾病诊断与统计手册和国内的精神疾病诊断手册中，都无法查询到拖延症这一疾病名词。因此，目前拖延症仍旧归属于心理问题，而非疾病。

拖延症也叫“延宕症”，早在20世纪80年代，拖延症就被不少国家列为重要的研究课题，并引起了学术界的普遍关注，包括心理学家、生物学家、经济学家等在内的各界人士纷纷介入。学术界将拖延定义为“以推迟的方式逃避执行任务或做决定的一种特质或行为倾向，是一种自我阻碍和功能紊乱行为”。现代心理学也对拖延症做出了定义：

拖延症是指在可预见后果有害的前提下，依旧无法进行有效的自我调节，并放任计划推迟的行为。

奥古斯丁曾在他的《忏悔录》中说，虽然他“痛恨”自己当时醉生梦死的生活方式，“切切地”想要做出改变，但所有切实的做法都被推迟到了“明天”。18世纪，英国著名文学家塞缪尔·约翰逊也对自己的拖延痛恨有加，他说：“长期以来，许多要做的事都被我视而不见，每时每刻的无所事事都令我难以重新拾起它们。”

可见，拖延实际上是一种极其普遍的行为方式。21世纪初，美国心理学家简·博克和莱诺拉·袁就曾给出研究数据：70%的大学生存在拖延问题，50%的学生认为自己已经养成了拖延的习惯；除此，有不低于25%的成年人也在工作和生活中饱受慢性拖延的困扰。

但同时，我们也发现，尽管人们痛恨拖延，但在没有人监督的情况下，还是很容易将要做的事情搁置一旁，且被拖延的事情也是五花八门的：

需要整理的衣柜，散乱的书桌，应该拨打的电话，需要发出去的邮件，被关闭的闹铃，明天就要上交的作业，早就应该准备的礼物……

看到这里，你是不是已经把自己和拖延症对号入座了呢？其实，偶尔做事延误，或者单纯做事拖拉，只能说有拖延习惯；而如果拖延已经影响到情绪，如自我否定、自我贬低，甚至出现焦虑、抑郁、强迫等心理疾病时，则应该得到密切关注。

拖延轨迹

如何知道自己在拖延

很少有人能够做到从不拖延，无事不拖的人也并不多见。你究竟是不是有拖延症呢？现在来测一测。选择“是”加1分，选择“否”不加分。

（1）不到最后期限不完成任务/作业。

是□　　否□

（2）上班/上课时注意力不集中，总是毫无缘由地胡思乱想。

是□　　否□

（3）工作/学习没有计划，不知道如何管理时间。

是□　　否□

（4）假装努力，原本可以很快完成的事，总是拖到熬夜。

是□　　否□

（5）总是产生“不着急，还有时间”的想法。

是□　　否□

（6）开始工作/学习前总是想先做点儿放松的事。

是□　　否□

（7）被询问工作/学习进展时，常说“我再看一下”。

是□　　否□

（8）工作/学习区零食一大堆，工作/学习时常被零食干扰。

是□　　否□

（9）要做事时，总有各种理由说服自己“先做别的”。

是□　　否□

（10）不分主次，常常忙了半天，却没做最重要、最紧要的事。

是□　　否□

（11）常常因为赶工草草交差，结果被上司/老师批评。

是□　　否□

（12）从不主动汇报工作/学习进度或状况。

是□　　否□

（13）浪费时间后感到后悔，甚至自责。

是□　　否□

（14）羡慕努力工作的人，希望自己也是雷厉风行的人。

是□　　否□

（15）最近一周在工作/学习中拖延的次数超过5次。

是□　　否□

请把你的得分相加，计算出总分____________。

现在来看一下自己的拖延症在哪个阶段吧。

0—4分：“君有疾在腠理”。这一阶段的你，虽然偶尔会拖延，但大部分时间都可以自主地让自己尽快完成需要做的事情。“腠理之疾”尚浅，日常引起注意，多数都能够收到很好的改正效果。但不要因此而大意，因为拖延常常像温水煮青蛙，不知不觉就会让人走向下一个阶段。

5—11分：“君之病在肌肤”。这一阶段的你，似乎已经将拖延看成了理所应当的事情，大部分事情在你眼中都不打紧，你也常常因为拖延耽误事情或者遭受批评。“病在肌肤”，想要彻底改掉拖延的问题，则需要有意识地忍受一段时间的“痛”。

12—15分：“君之病在肠胃”。这一阶段的你，总体状态（各方面）看起来都不是很好，不仅常常有很强的挫败感，还时常因为拖延而产生悔恨、自责、焦虑等负面情绪。周围人对你的看法也以懒散居多。“病在肠胃”则需要你由内而外地重新审视自我，重新自我定位，并积极约束自己进行矫治。

拖延怪圈，你中招了吗

英国著名文学家、诗人、散文家塞缪尔·约翰逊曾说：

我们一直都在推迟我们知道最终无法逃避的事情。这一蠢行是一个普遍的人性弱点，它或多或少都盘踞在每个人的心灵之中。

如果我们从这句话中提取出几个关键词（“一直”“推迟”“知道”“无法逃避”“蠢行”“盘踞”）就会发现，这句话仿佛是为我们“量身定做”的一样。回想一下，当一件事情摆在面前，我们是不是明知道非做不可却还是没有立刻去做？“推迟”本身并不可怕，可怕的是“一直”。

小肖是某大学的毕业生，在新的岗位才刚刚工作两个月就被辞退了，原因是他几乎从没有提前完成过工作，要么卡着最后期限胡乱交差，要么就拖上一两天。

失去工作的小肖和自己的朋友诉苦，朋友不仅没有安慰他，反倒坚定又诚恳地对他说：“你没有通过试用期也是我意料中的事情。我记得上学的时候我就和你说过，事情要尽早解决，别老拖到最后。拖到最后，就只能应付交差，或者拖拉，或者最后干脆就不做了。公司为什么要花钱请一个拖拖拉拉、耽误工作的人啊！”

听了朋友的话，小肖苦笑了一下，说：“唉，你说得对。我好像陷入了一个怪圈。其实每次要开始做一件事情时，我都是信心满满、兴致勃勃的，但过不了多久，我就感觉事情好像不那么容易，然后我就变得拖拉，兴趣没有了，信心也没有了，最后越做越没劲儿，只能不了了之。但是现在工作了，职场上谁能惯着我这个臭毛病啊……”

其实，不止刚刚毕业的小肖有这个问题，很多拖延症患者都陷入了这样的怪圈：做事之初，感觉自信满满，前途光明。但很快就被不得不投入的精力或者困难打回原形，信心被压力冲淡，行动被困难阻挠。然后，虎头蛇尾地结束。最后，经受一番心理煎熬，下定决心下次决不会这样。等到了下一次，却没有任何改变。如此往复，就如同老人常说的“鬼打墙”一样，怎么也转不出去。

这就是拖延怪圈。拖延怪圈通常会经历5个阶段。

1.第一阶段——赌咒发誓

这是拖延怪圈的起点，此时我们刚刚有了要做的事情，心里暗暗发誓，“这次一定要早点儿开始做”。但可惜的是，尽管有了决心，也仅仅停留于此，实际并没有真的着手去做。

2.第二阶段——投袂而起

随着时间慢慢过去，自己开始着急，感觉再不做就来不及了，担心自己会像上一次一样因为拖延而坏事。“必须马上开始”是这一阶段我们对自己说得最多的话。但可惜的是，行动依旧是零！

3.第三阶段——转念一想

尽管已经下定决心要立刻行动起来，但不知为何，此时又鬼使神差地转念一想：距离最后期限还有一段时间，稍后抓紧点儿时间也还来得及。既然来得及，那么此刻就失去了行动的理由。

4.第四阶段——狼奔豕突

好了，现在终于到了任务的最后期限。于是，开始自责、后悔，时间不太够用了，不得不加班加点、手忙脚乱地完成工作。或者，干脆放弃了原来的计划。最终，要么胡乱了事，要么彻底失败。

5.第五阶段——下不为例

尝到拖延的恶果之后，懊恼至极，并暗下决心："下次我一定不拖延了！"

但结果怎样呢？拖延的人都知道，想是一回事，做是另外一回事。因为，当下一个任务或者计划摆在眼前时，我们依旧会从第一阶段开始，不断重复。我们就这样莫名其妙地、一次又一次地陷入了拖延怪圈，难以自拔。

拖延轨迹

汝与寒号鸟，孰勤孰惰

山脚下有一堵石崖，崖上有一道缝，寒号鸟就把这道缝当作自己的窝。石崖前面有一条河，河边有一棵大杨树，杨树上住着喜鹊。寒号鸟和喜鹊面对面住着，成了邻居。

几阵秋风，树叶落尽，冬天快要到了。

有一天，天气晴朗。喜鹊一早飞出去，东寻西找，衔回来一些枯草，就忙着做窝，准备过冬。寒号鸟却只知道出去玩，累了就回来睡觉。喜鹊说："寒号鸟，别睡了，天气暖和，赶快做窝。"

寒号鸟不听劝告，躺在崖缝里对喜鹊说："傻喜鹊，不要吵。太阳高照，正好睡觉。"

冬天说到就到，寒风呼呼地刮着。喜鹊住在温暖的窝里。寒号鸟在崖缝里冻得直打哆嗦，不停地叫着："哆啰啰，哆啰啰，寒风冻死我，明天就做窝。"

第二天清早，风停了，太阳暖暖的，好像又是春天了。喜鹊来到崖缝前劝寒号鸟："趁天晴，快做窝。现在懒惰，将来难过。"

寒号鸟还是不听劝告，伸伸懒腰，答道："傻喜鹊，别啰唆。天气暖和，得过且过。"

寒冬腊月，大雪纷飞。北风像狮子一样狂吼，崖缝里冷得像冰窖。寒号鸟重复着哀号："哆啰啰，哆啰啰，寒风冻死我，明天就做窝。"

天亮了，太阳出来了，喜鹊在枝头呼唤寒号鸟。可是，寒号鸟已经在夜里冻死了。

这是课文《寒号鸟》。曾经我们一定是对寒号鸟嗤之以鼻的，但是现在再来思考一下：

1.寒号鸟一直没有做窝是不怕冷还是不想改变？

2.自己是否也像寒号鸟一样，在内心深处总是想尽可能保持舒服的状态？

3.这个状态是真的舒服还是自己害怕应对改变？

4.如果改变是件好事，你愿意开始行动吗？

五花八门的拖延，你的是哪一种

我们看到的自律的人似乎没有什么区别，“上进”这个词就能概括。但拖延的人却各不相同，有人因为懒惰，有人因为恐惧，有人因为追求完美，有人因为心存侥幸……甚至同一个人，在面对不同的事情时也会有不同的拖延理由。

尽管拖延的最终结果几乎一样——没有好结果，不过熟悉这些五花八门的拖延类型，对摆脱拖延很重要，正所谓“知己知彼，百战百胜”。所以，拖延者可以参照下面这些形形色色的拖延类型，看看自己到底属于哪一种拖延。

1.逃避型

成因：逃避压力。这种拖延方式源于人们在面对困难任务时，潜意识里倾向于逃跑，从而避免此刻正面临的不适和潜在的风险。

表现：

（1）不断地推迟行动。

（2）一想到要做的事就感到无助。

（3）生活中常常陷入被动。

A是某校的硕士研究生，正在准备毕业论文，但论文题目很难，他不知道从哪里入手。因此，一拖再拖。直到最后两周，他才不得不四处求人帮忙，连续几天都在慌乱和焦虑中度过。一会儿有人建议这样，一会儿有人建议那样，A就像个木偶一样完全没有了自己的主意。

2.完美型

成因：完美型拖延者往往对自己的表现有很高的期望，他们害怕失败，并认为无论多么小的缺陷或错误都会导致结果不完美，因此迟迟无法付诸行动。因此，他们总是希望在做足准备或者确认可以做到完美后再投入行动。他们认为如果不能完全控制一切，那么自己就无法保持完美的状态。但事实是，无论是在生活、工作中，还是在学习中，几乎没有一件事可以在事前做好万全的准备或确定做到百分之百完美。

表现：

（1）对自己有很高的要求和期待。

（2）常常把大量精力放在吹毛求疵上。

（3）在意别人对自己的看法。

（4）自信心不足。

（5）自我怀疑，对他人也没有足够的信任。

（6）喜欢规矩、秩序，缺乏弹性，不愿变通。

B一直想要健身，但时间过去了半年，依旧没有开始行动。他的健身教练时常打电话催促B尽早投入锻炼，但他总是以“没有买齐最好的健身装备”为由拖延。在B看来，如果健身装备没有购置齐全或者不够完美，就无法开展有效的锻炼，那不如不锻炼，什么时候备齐了，什么时候才能开始。

3.反抗型

成因：反抗型拖延是一种源自消极反抗行为的拖延。当一个人的权益遭受侵害，自己却没有办法反抗时，就会产生消极对抗情绪，进而有意无意地采取拖延的方式表达自己的不满。

表现：

（1）不愿意得罪任何人。

（2）在他人面前唯唯诺诺，常常放弃自己的观点和权利。

（3）总是心有不甘。

C是刚刚入职不久的新员工，为了能够给他人留下一个好的印象，即使自己的事情已经做完了，却还要帮别人做事，为此，他常常心生抱怨。一次，一位老员工让C帮忙处理上一季度的客户意见反馈表。C虽然不情愿，但本着不得罪人的原则，还是答应了下来。可每次想到这并不是自己的工作任务，C就对这个反馈表心生厌恶，于是一拖再拖，最终没能在老员工给出的最后期限前处理好。老员工气愤地指责C：“你要帮忙就好好帮，不愿意帮就早说，拖拖拉拉，事儿都让你耽误了！”

4.安逸型

成因：这类拖延是因为本身不想改变现状，害怕因为改变而失去眼前的安逸，从而产生的一种拖延。

表现：

（1）思维守旧，喜欢按部就班。

（2）不想接受新鲜事物。

（3）担心自己无法适应新的状况（成功带来的新状况，他们也会担心需要面对新的人和事）。

会计D已经工作了十几年，每项工作都轻车熟路。但公司开始慢慢尝试一些新的工作方式，比如使用新设备、新的会计软件、新的报销流程等。这使得会计D需要重新学习不少东西。可是，新的工作方式推行了好长时间，他还总是用原来的方式做一些例行工作，导致新、旧工作方式不断发生冲突，给同事造成了很多麻烦。领导数次找他谈话，他都表面答应，心里却在抱怨：“用了这么长时间的东西，干吗要换啊？真麻烦！”

5.得过且过型

成因：对于计划要做的事情没有紧迫感，这是因为这类事情暂时不做也不会对生活产生显著影响。既然没有影响，就在大脑里形成了“不重要”的固有印象，“不重要”的事情自然也就不用急着去做了。

表现：

（1）对日常活动的兴趣下降。

（2）部分人会有思维迟缓、记忆力减退等状况。

（3）很难感受他人的爱。

（4）对很多事情大大咧咧、毫不在意。

E还是一个在校大学生，最近总是感觉胃不舒服。同学多次劝她去医院看一看，但她一直不以为意。有几次晚上疼得厉害，她下定决心天一亮就去医院，然而早上胃已经不疼了，她就继续拖延。转眼几个月过去了，终于有一天她疼得大汗淋漓，被同学送到了医院，结果被诊断为严重的胃溃疡，她不得不住院治疗。

拖延的类型，并不止这些，但无论是哪一种类型的拖延，只要能对号入座，都说明拖延已经与你形影不离了。为此，你需要痛下决心，努力将拖延从身体里赶出去。

拖延轨迹

我是怎么拖延的

其实，拖延的分类并没有特别严格的标准，你也许兼而有之，但无论怎样，你应该清楚自己的问题所在。所以，先把自己在拖延中的表现写下来吧。

（1）____________________

（2）____________________

（3）____________________

拖延了，我还是我吗

事实上，绝大多数人的拖延症都表现在各种小事上，也正因为都是小事，我们才不以为意。但日积月累，这也会对个人发展产生严重的负面影响。

回想一下自己在拖延中度过的日子：

想着距离上交计划书只剩最后几天了，眼看着时间越来越少，心底一阵恐慌，但还是不由自主地继续拖延，不到最后期限，坚决不交。

下定决心开始减肥，但看到美食的那一刻又在心里暗暗说服自己：先吃完这一顿再减肥也没关系，然后开始疯狂享受，将一心向往的苗条的自己忘到了九霄云外。

为了提高英语水平，买来单词书，告诫自己每天记10个单词，没几天就一拖再拖，落下的单词越来越多，终于堆叠成山，你只能望而却步。

…………

最终的结果和理想状态之间总是因为差之毫厘而谬以千里。我们不禁问自己：我怎么成了这个样子？我还是我吗？

的确，拖延中的我们总是跳跃在两种极端的状态间——我们一方面安慰自己说："你看，我能把原本要一个月完成的任务，用半个月甚至一周完成，实在是个难得的高效率人才呢。"但另一方面又会发现：我们疲惫不堪地熬过一个个"死亡期限"，到最后还是被困在拖延的牢笼里，无法释怀。

我们贪婪地享受着拖延那一刻带来的"爽"，却又在最后的期限内恨不得把所有可用的时间都磨成粉，以便将自己的"洪荒之力"积蓄到某一个精确的时刻爆发，求上天保佑我们能在那一刻迸发出燎原之火。可结局往往是，一切都已被拖得面目全非，之前所有的"爽"都会成为"遗憾"和"悔恨"，潜伏在以后的日子里。

拖延轨迹

拖延给我带来了哪些创伤

其实，拖延带来的后果并非只有我们看得见的各种恶果，更可怕的是，它对我们的身心都会带来极大的伤害。不妨来对照一下，那个拖延的自己是否正经历着下面这些心理上的创伤呢？

创伤1：自我怀疑。拖延常常使得我们无法按时完成既定的事情，长此以往，我们就会自我怀疑、自我否定，认为自己是个很差劲的人。

创伤2：萎靡不振。对生活和工作失去兴趣，总是没精打采、萎靡不振，似乎整个世界都失去了色彩，什么都不想做。偶尔想做什么事，也总是觉得有气无力，甚至怀疑自己的身体出现了问题。

创伤3：心理扭曲。长期拖延导致的大量失败会使一个人的心理慢慢发生扭曲，比如：比以往更容易愤怒、嫉妒、嫌恶、抱怨等，有时也会觉得别人针对自己，在背后诋毁自己，等等。

创伤4：过于自我。我们都知道，即便再怎么拖延的人，也只是对自己不喜欢的事情拖延，自己喜欢的事情总是愿意去做的。但长此以往，只做自己喜欢的事情而不做不喜欢的事情，会将人变得只讲自我，而不去承担责任。

创伤5：产生焦虑。因为工作和学习不突出，甚至总是出差错，所以对接下来要做的事情毫无把握，对未来毫不确定，进而导致内心恐慌，产生焦虑。

创伤6：出现抑郁倾向。拖延者因失败而产生的焦虑和自责会使人出现抑郁倾向，很多拖延者都有情绪低落、思维缓慢、语言减少、动作迟缓、兴趣缺乏以及乐趣丧失等问题。

现在怎么样呢？如果你的症状还很少或者很轻，也算是不幸中的万幸，赶紧积极行动起来；如果感觉“拖延之毒”已经浸入血脉，那就更要重视起来，进行积极的自我调节，必要时寻求专业人士的帮助。

拖延者到底在想什么

当我们与拖延者交谈，询问他们在拖延时究竟有什么想法时，他们大多会说："我并不想拖延，我也很想痛痛快快地把事情做好。但是，这个社会竞争太激烈了，无论你面对的是怎样的任务，人们都无时无刻不在期待着你有完美的表现。有时候，我真的无法应对这些压力，于是心想，索性就等等吧。"

毫无疑问，我们每个人都时常处于各种要求和期待的大轰炸中。做到了，掌声一片；做不到，就会被认为"哪里出了问题"。于是，很多人躲进了拖延的"避风港"，这并不难理解。但外界的压力绝不是拖延的唯一原因，否则所有人都是拖延者了，毕竟几乎没有人能够无须面对一点儿压力地生活在这个世界上。

所以，想要知道拖延症的核心原因，还是要从拖延者身上去找。2022年，一家致力于年轻人心理健康的机构对20位40岁以下的拖延者做过一次调查，调查的内容是回忆自己关于拖延的早期记忆。

受访者1：我想不起来什么具体的事情，只记得是四五年级的时候，我爸叫我做什么事，我因为不想做，所以就拖呀拖，最后挨了一顿批评。

受访者2：我是在六年级的时候开始拖延的。那时候为了能早点儿出去玩儿，我总是以最快的速度完成作业。但是，每次做完作业后，我妈一检查就会找出一些错误，我不得不改来改去。结果，天都黑了，我还没能出去玩儿。后来，我干脆磨蹭到天黑再写作业。

受访者3：我可能是十来岁的时候开始拖延的吧。家长总是说话不算数，答应我做完了就有奖励，比如糖果或可以出去玩，却从来不兑现。所以，我就做什么都不积极了。

受访者4：我上初一的时候，班主任说话特别严厉。有一次出操，我落后了，他说："那么磨蹭啊？班级因为你扣分了，知不知道？就你这样，以后能干什么？拖拖拉拉，不成个样子！"后来，我就真的"如他所愿"，事事拖拉了。

…………

我们发现，人们可能会因为过去的某种经历耿耿于怀，比如被批评、被嘲笑、被辜负等。即便随着年龄或经验的增长，他们处理问题的能力已经大大提高，仍然无法使得他们彻底放心，并积极去应对类似的事情。

拖延心理学上有一个结论：几乎所有的拖延都是一种自我保护，拖延者总是不自觉地试图用拖延来掩盖自己的弱项或阻止对自己不利的结果发生。比如拖延者不去做作业，老师只能说"下次必须做"，但绝不会说"这么简单都不会做"。拖延者除了想要进行自我保护外，他们对于生活的一些顽固想法也是造成不断拖延的一大成因。如果你仔细观察身边那些有拖延习惯的人，就会发现他们总是会这样想：

如果不做好充分的准备，这事儿根本就做不成。

等到最后几天拼命努力一定能完成。

如果不能保证百分之百做得漂亮，还不如不做。

又不是什么大事，着什么急呀?

做不好就麻烦了。

这件事我要从一开始就做到最好。

我绝不能失去任何东西。

如果我这一次做得很好，那么以后就必须做得更好。

…………

这些论调听起来似乎并没有什么问题，有的甚至充满了正能量。但深究起来，它们不过是拖延者为自己找的理由罢了。自责、担忧、负面思维让他们无法越过日常生活中不可避免的困难。

所以，在拖延者的心里，想得最多的其实是：如果我不被接受怎么办?

拖延轨迹

我究竟在怕什么

现在大胆地把自己的真实想法写下来，然后对自己说：我不怕，我要去做。

（1）＿＿＿＿＿＿＿＿＿＿＿＿＿＿＿＿＿＿

（2）＿＿＿＿＿＿＿＿＿＿＿＿＿＿＿＿＿＿

（3）＿＿＿＿＿＿＿＿＿＿＿＿＿＿＿＿＿＿

（4）＿＿＿＿＿＿＿＿＿＿＿＿＿＿＿＿＿＿

为何会在努力和放弃中选择挣扎

当我们说自己拖延的时候，就已经明确了自己正处于纠结和挣扎之中，因为拖延的两端是努力和放弃。一个人，既没有投入努力的行动当中，也没有彻底放弃，那么他就一定是把自己夹在了一个缝隙当中，左右为难。

拖延者每次想到还有事情要做时，脑子里就会出现两个小人儿，我们暂且叫他们小青和小蓝吧。小青说："每天都要坚持呀！"小蓝立刻就会跳出来，说："哎呀，今天已经很累了，休息一天吧，身体要紧啊！明天再学吧，不差这一天的！"然后，两个小人儿谁也不服谁，在脑子里打了半天架，结果就是做与不做都很累。

根据精神分析的理论，人自身产生的思想斗争可以认为是自我不够强大，从而无法很好地调节"本我"和"超我"的关系。这里的小青是个拼命三郎，小蓝是个享乐主义者，而夹在中间的"自我"就是个劝架的，要能够平衡两方的权益，让它们和平共处。而拖延者正是这个"自我"躲了起来，以至于"本我"和"超我"处于此消彼长的不和谐状态，正所谓"卷又卷不赢，躺又躺不平"，做与不做都难受，人也就内耗起来。

我们身边的拖延者，或者说我们自身（如果我们存在拖延问题的话），之所以一直在努力和放弃之间挣扎，主要是因为下述三种内心的冲突。

1.追求完美与害怕失败的冲突

完美主义者往往对结果有着更高的要求，他们总是希望所有细节都无可挑剔。但这种追求完美的态度越是强烈，就越可能因为担心结果的不完美而迟迟不敢行动。他们虽然没有表面上的行动，却可能在大脑里反复修改计划、罗列注意事项等。同时，害怕失败的心理又会让拖延者在面对具有挑战性的任务时，因不敢轻易行动而选择推迟。

2.即时满足与长期目标的冲突

心理学研究表明，趋利避害是人类作为社会动物的本能之一，体现在个人行为上就是，人们在面对选择时，总是倾向于选择让自己感到舒适的事情，而避免让自己不适的事情。因此，当拖延者面对任务时，如果有沮丧、焦虑等不适感，就可能倾向于通过拖延来逃避这些负面情绪。这种逃避行为可以让拖延者在短期内获得一定程度的心理安慰，但同时拖延者也会因此而感到焦虑，越焦虑，越想寻求心理的安慰，也更贪恋即时满足，如玩手机、暴饮暴食等，从而就会更加拖延，并形成恶性循环。

3.内心渴望与外界压力的冲突

对于有些拖延者来说，他们拖延的原因并非针对事件本身，而是源于内心深处对自由的渴望。然而，这种渴望总是会被外界的压力（比如工作、育儿、家务、学习等）干扰。于是，他们便会有意无意地借助拖延来表达自己的不满或对外界压力的反抗。他们希望通过拖延挣脱外界的束缚，换取内心想要的自由。这种心理现象在面对外界的催促或要求时尤为明显，拖延者有时甚至会随着外界压力的增大而从不自觉到自觉地选择拖延，以此来宣示主权。

总的来说，拖延的本质就是拖延者在“做自己”和“做任务”之间存在着矛盾和冲突。一方面，他们十分渴望在众人面前展现出自己的真实能力和个性，渴望得到自我实现和自我成长；另一方面，他们又害怕面对任务带来的压力和困难。在这种矛盾心理下，他们选择通过拖延来自我保护，试图在“做自己”和“做任务”之间找到平衡。

从这个角度来说，每一个令人头疼的拖延行为，也许都只是在传达拖延者内心最深处的声音，试着了解它们，也许能让拖延者更快地走出挣扎，奔向努力。

拖延轨迹

我是玉吗

日本作家中岛敦在他的《山月记》中写过一段话：

> 我深怕自己本非美玉，故而不敢加以刻苦琢磨，却又半信自己是块美玉，故又不肯庸庸碌碌，与瓦砾为伍。于是我渐渐地脱离凡尘，疏远世人，结果便是一任愤懑与羞恨日益助长内心那怯弱的自尊心。……其实我哪有什么远大的志向，无非是害怕暴露自己才华不足之卑劣的恐惧和不肯刻苦用功的无耻之怠惰而已。

拖延者不妨想一想，自己的拖延与挣扎是否也是这样的呢？

02

一拖再拖，都是借口惹的祸

那些习惯性拖延的人都有一个共同特点，那就是，他们往往也是制造借口的专家。一旦找到借口，他们就会觉得自己所犯的错都是理所当然的。但我们知道，借口永远都只是借口，再怎么冠冕堂皇也掩盖不了拖延、逃避的事实。

借口让拖延变得堂而皇之

很多时候，当我们无法确定自己能否做好一件事而又不得不做时，就会为自己设计出“无法实施”的借口，并且会不断强调自己就是因为这个原因才无法去做某事。心理学家将这种现象称为“自我妨碍”。早在20世纪末，西方心理学界就已经对这一现象进行了不少的研究，并提出“自我妨碍的目的是保护自我价值，维护自身形象”的观点。同时，学者们通过跟踪研究发现，那些长时间习惯“自我妨碍”的人，会随着时间的推移逐渐失去自信，并逐步出现拖延的问题。

事实上，拖延者的确常常找借口来为自己的拖延行为开脱。在拖延者的嘴里，只要有个像样的说辞，那么事情没有做就不是“我”的错，因为“我”想做，但“客观”不允许“我”做。这样一来，拖延者既不用面对失败的风险，也推卸了不做的责任。更重要的是，拖延者通过各种借口让拖延行为变得堂而皇之，自己则无须承担拖延带来的心理上的负担，这会让自己感觉更轻松、更舒服。他们常会在拖延发生后安慰自己：“这事儿可不怨我，我能有什么办法呢？”

尽管在拖延者的眼里，拖延是不得已而为之的，实际上反映的却是拖延者对于承担责任的不愿意。他们的思维方式多数表现为向外归因，而非向内。这在实际的生活和工作中常常会使拖延者陷入麻烦。

静静是某电子厂的老员工了，进厂多年，她一直本本分分地工作，虽然没有做出什么大的成绩，但也没出过什么大的差错。但是，前不久她因为与领导产生矛盾而辞职离开了工厂。

这还要从一次工作小事故说起。那天，静静上夜班，可能是因为太困了，一不小心被地上堆放的线圈绊倒，导致小腿骨裂。经过一段时间的治疗，静静的小腿恢复了健康，对工作和生活已经没有什么太大影响了。

令人想不到的是，自从发生事故之后，静静的工作态度就发生了变化。无论做什么事她都不积极，能拖则拖，不仅自己的工作经常受影响，有时还会耽误其他人的工作。只要有人对她提出不满，她就拿腿说事儿，以自己的腿不方便为借口，说她的腿受了伤，工作肯定受影响，她也没有办法。

一开始，领导也觉得毕竟是工作期间出的意外，所以睁一只眼闭一只眼，没说什么。然而，时间长了，静静仍旧以此为借口耽误工作，领导也开始对她有意见了。

一天，静静又迟到了5分钟，正好被领导看到，她便解释说："哎呀，领导，我还不是因为这条腿，走也走不快……"可是此时距离她的腿受伤已经过去一年了。领导安排她半小时后到楼下，与另一个部门的同事一同到合作单位。40分钟后，静静才慢腾腾地下楼，却没见到车的影子。于是，她就给领导打电话。没想到领导告诉她，车早已经开走了。

她来到领导办公室，刚要开口抱怨车子不等她，领导先说话了：

“告诉你半小时，你过了40分钟才下来。今天，你必须得去。自己想办法吧。”静静一下子火了，心想：这不明摆着在挤对自己吗？于是，她理直气壮地争辩：“就晚了10分钟，都知道我的腿不好，就不能等我一下吗？我的腿可是因为工作受的伤，我错在哪儿了？我不去！”

没想到一向温和的领导竟冷冷地说：“全厂上千人，谁没有遇到过小麻烦？怎么就你拖拖拉拉，这也不行，那也不行？今天你去也得去，不去也得去。”

正在气头上的静静毫不犹豫地说：“那我辞职，行了吧！”

“好，我同意！”领导冷冷地说。

故事中的静静就是总以腿受过伤为借口拖延工作，最终只能辞职离开。

处在平凡岗位的我们，或许也常常感叹：为什么成功和机遇还没有降临到我们头上？为什么领导从来不愿意对我们委以重任？为什么身边的人总是对我们不信任？那么，不妨从现在开始反省，仔细想一想自己是否有拖延、找借口的习惯呢？

拖延轨迹

我是“借口之王”吗

无所不在的借口，像空气一样弥漫在我们周围。所以，习惯性拖延者总是能为自己找到各种借口。看一看下面这些情况，你是否也常用它们做借口来拖延呢？

（1）现在条件还不充分，所以没办法开始。

（2）这段时间太忙了，还没顾上。

（3）这么多工作交给我一个人，怎么可能完成？

（4）我对这方面不熟，等我熟悉了再做。

（5）如果其他人能更好地配合我的话，我会完成的。

（6）今天这么累，明天再说吧。

（7）这个不重要，放在后面做。

（8）先把简单的做完再去“啃硬骨头”。

（9）做这么少也没什么用，干脆不做。

…………

你有几项对号入座了呢？

压力真的“山大”吗

在现代社会中，焦虑和压力成了每个人都无法回避的问题。然而，并不是每个面对压力的人都会以拖延的方式来缓解压力。毕竟，再怎么拖延，也不过是暂时的“麻醉”，压力并不会因为拖延而消失。

周颖和冯媛是同一所大学营销专业的同学，毕业时正巧一家大型连锁超市的营业部招聘，两人就一同进入了这家超市，开启了她们毕业后的第一份工作。

周颖做事认真严谨，不怕困难。上学时，遇到难题，她总是积极思考，实在弄不懂，她就向老师、同学请教。无论如何，她都要把知识弄懂。生活中，周颖也是这样的。有一次，班里打算举办元旦联欢会，但是临近元旦时，原本和她一起承担排练事宜的两名同学都有事而无法参加。她硬是顶着压力，一人做三人的工作，把联欢会排练得十分精彩。工作中，周颖更是严格要求自己，认真努力，从不拖泥带水；无论遇到什么事，她都不找任何借口，也从不逃避责任，而是积极寻求解决问题的办法。

反观冯媛，则完全是另一种性格。尽管她也很想把自己人生的第一份工作做好，把每一件事都做得让人满意，但每次接到任务的时候，她并没有像周颖一样积极努力地去做，而是一味地想着万一做得不好，如何才能不被批评。为此，她自己也很焦虑。她不止一次地向周颖抱怨，说自己“压力山大”，什么事情都不想做。就这样，她总是把任务拖延到最后期限才草草交差。领导多次批评她，这令她更加心慌，压力更大了，于是她更加拼命地找借口，工作效率也更加低下。最终，领导对冯媛失去了信心，冯媛自己也觉得这份工作难以再有起色，不得不走人了事。

周颖则凭借着她不屈不挠、雷厉风行、严谨认真的工作作风很快被提升为了营销主管。

面对压力，人们会有两种态度：正面的应对和负面的应对。前者会把压力看作积极向上的动力，即便知道有困难，也能坚定目标，充满希望，积极应对；后者则会把压力看作负担，只要自己感到有困难，就会觉得有劲儿使不上，这种无能为力的感觉让他们变得拖沓、无奈，甚至愤怒。

此外，对相当多的拖延者来说，明明知道有些事非做不可，却因为压力而拖延，甚至放弃。其实，所谓压力，就是为不敢担负责任、不敢面对失败而寻找的借口，是一种消极避世的负面心理。

做什么事情没有压力呢？谁没有压力呢？谁能够保证自己所做的所有的事情都是百分之百完美的呢？如果说不能保证完美或成功就是压力，那么，我们恐怕只能回到婴儿时代了。

所以，在对待压力的问题上，我们应该谨记：压力是心态，不是借口。做，成功的机会是50%；不做，成功的机会就是零。

拖延轨迹

你的压力到底大不大

成年人的世界里，没有“容易”二字，快节奏的生活，让许多人压力倍增。压力就像一张无形的大网，会给人体造成伤害，每个人都需要对这个沉默的“凶手”提起足够的注意。然而，拖延者眼中的“压力”究竟是真的压力，还是拖延的借口呢？

来看一看，当你感觉到自己有压力时，是否还有以下迹象：

（1）体重不受控制地不断增加。

（2）血压与以往相比有所升高。

（3）身体的某些关节莫名疼痛 。

（4）总是感觉疲惫不堪。

（5）饮食正常的情况下肠胃常常不舒服。

（6）脸上或者身上长痘。

如果有这些迹象，那么说明你可能真的面临着压力；如果并没有，只是感觉不想做事，那么压力很有可能是你逃避困难、做事拖延的借口。

不管是真正的压力，还是拖延的借口，当你感觉到它时，不妨先问自己三个问题：

我想要什么？

我该做什么？

我能做什么？

然后再根据自己的答案做出取舍。

“明天就做”约等于“永远不做”

我国明代诗人钱福写过一首传唱至今的《明日歌》：

明日复明日，明日何其多。

我生待明日，万事成蹉跎。

世人苦被明日累，春去秋来老将至。

朝看水东流，暮看日西坠。

百年明日能几何？请君听我明日歌。

我们常常会把“明天就做”“有空就做”挂在嘴边，这两句话听起来是马上就行动的意思，实际上却是彻头彻尾的拖延，它们和“永远不做”是一样的。因为在拖延者那里，今天想着明天再做的事，到了明天一样不会去做，拖来拖去，最终就放弃了。

我国有句谚语，叫“今日事今日毕”。它告诉我们，该现在就做的事情现在就应该做，千万不要留到明天再做，因为明天还有明天的事。

被人嘲讽身材肥胖，于是新办了健身卡，立志要从明天开始减肥，可直到卡过期了，也没去过一次。

在他人面前谈论文学时露了怯，立刻买了好多书，发誓从明天开始让自己“腹有诗书气自华”，结果一年过去了，书还没拆封。

差点儿被客户投诉，痛定思痛，下决心从明天开始，要把每位客户的信息都仔细整理一遍，然而直到再次把客户搞混都没开始整理。

某天被一个小朋友大声叫了“阿姨”，沮丧了一整天，发誓从明天开始，每天睡觉前一定要敷张面膜。然而，直到又一次被叫“阿姨”才意识到“明天”还没有到来。

…………

说“明天就做”的人与说“明天再做”的人并不一样。前者是因为内心深处受到了某种较为强烈的刺激而激发了对做某事的欲望，后者则对于事情本身并没有要做的欲望。但最终的结果通常都是一样的，那就是无限期地拖延下去。

很多人总是在前一天信誓旦旦地说从明天开始要做什么。到了“明天”，却又蹦出来一个“明天”。如此反复，总会有一个“明天”是事情的最后期限，于是一个完美的计划最终还没开始就结束，宣告失败。

实施一个非常好的计划为什么一定要等到“明天”呢？“明天”代表着什么呢？事实上，从心理学的角度来讲，“明天”往往意味着你要与过去的自己郑重地说一声“拜拜”，然后睡一觉，第二天早晨见到崭新的太阳，与此同时，自己也随之脱胎换骨。所以，我们总爱说“昨天已经过去，明天重新开始”“放下过去，迎接美好的明天”“每当太阳升起，我们都有新的机会”……

是啊，“明天”的确意味着一个崭新的自己展现在世人的眼前。可是，到了“明天”去做了吗？为什么明明下了天大的决心，却一直没有找到可以实施计划的“明天”呢？

不可否认，有些计划的确需要等到明天才能开始，比如你计划以后提前半小时起床，或者以后每天都要用心吃早餐。但对于拖延者来说，很多事情其实今天就可以开始，只不过是习惯性拖延罢了。虽然心里渴望从明天开始自己可以涅槃重生，可惜的是明天又开启了新的沮丧的一天。就如同前面说的，陷入了拖延怪圈，一次又一次对自己说：“年轻人，人生如此短暂，一直拖下去你就完了！拖延是种病，得治啊！”

所以，想做什么，就立刻去做，无须为它寻找时间点，更不要为今天不做寻找借口。迈出第一步，你就成功了一半！

花时间给自己找借口、不愿意承担责任、不去努力改正的人，只能眼看着成功离自己越来越远。所以，不要试图逃避自己应当承担的责任，要勇敢去面对，抓紧一切时间去行动。

拖延轨迹

听听名人怎么说

临渊羡鱼，不如退而结网。

——《汉书·董仲舒传》

判断一个人当然不是看他的声明，而是看他的行动，不是看他自称如何如何，而是看他做些什么和实际上是怎样一个人。

——〔德〕恩格斯

一切都靠一张嘴来做而丝毫不实干的人，是虚伪和假仁假义的。

——〔古希腊〕德谟克利特

现实是此岸，理想是彼岸，中间也隔着湍急的河流，行动则是架在河上的桥梁。

——〔俄〕克雷洛夫

梦想一旦被付诸行动，就会变得神圣。

——〔英〕阿·安·普罗克特

伟大的思想只有付诸行动才能成为壮举。

——〔英〕威廉·赫兹里特

看了这些名言，你会作何感想呢？

不去实现的“完美”就是拖延

某世界500强公司在录用新员工时，会在其录用通知单上印这样一段话：

最优秀的员工是像恺撒一样拒绝任何借口，能够把事情做好的英雄。工作中不需要借口，生活中不需要借口，失败不需要借口，而成功更不需要借口。一切成功皆有赖于马上行动，即便不够完美。

不得不说，该公司的这段话对于那些喜欢以追求完美为借口的拖延者来说，无疑是一个警醒。因为我们发现，很多时候拖延者并非真的在追求完美，只不过是把追求完美当成了不去面对的挡箭牌。

追求完美本身并不是坏事，但为什么要下这样的定论呢？其实，仔细分析一下就会发现：当正在做的事情进展顺利，正向着你预期的方向发展时，你通常会很少关注事情的细枝末节，即使发现一些小瑕疵，你也会更乐于去推动整件事情的进展，而不是推迟后面的环节；同理，当你对要做的事情有十足的把握时，也不会在事前就因为各种细节不完美而推迟去做。反过来，当一件事情进展不顺利，或者你感觉可能会面临失败时，你反而会觉得“细节决定成败”这句话变得格外刺眼，于是便会以某些细节不够完美为由，拖延事情，不继续推进。

为什么会产生这样的现象呢？其实，这是源于人类共有的心理防御机制，即尽可能地回避不好的结果。

比如，在远古时候，我们的祖先以狩猎为生，到森林里打猎是他们经常要做的事情，但是问题来了——当他们认为眼前的这一大片树林很可能有猎物，但同时他们也发现这片树林似乎有点儿不对劲的时候，他们会怎么选择呢？

当然是扭头就走。既然这里有不确定的危险因素，那么干脆换个地方好了。因为不去面对，就不会带来任何可能的伤害与损失。

在漫长的人类进化史上，祖先们有充分的理由与权利去回避任何他们希望躲开的事情，比如他们可以选择去这里狩猎或那里狩猎，也可以选择今天狩猎或明天狩猎。于是，这种回避危险的本能一直刻在我们的潜意识里，当我们面对不确定因素时便会本能地选择回避，体现在工作和生活当中就是以拖延的方式不去面对。

然而，人类社会进化到今天，我们每个生存在社会体系中的人都不再是独立的个体，整个人类社会形成的合作关系使得我们在某些方面失去了自由选择的权利，我们必须时常面对那些不太喜欢的结果。

只不过当我们必须面对那些自己不想面对的事情时，大脑的潜意识就会出于本能，按照远古祖先积累下来的经验启动防御机制：就算是再小的瑕疵也可能是一场灾难，先等等吧……于是，追求完美就成了我们拖延的“完美借口”。

毫无疑问，这是一种非理性的行为。因为对于大多数完美型的拖延者来说，他们的理性往往也在与潜意识进行着激烈的对抗。此时，理性小人儿很可能在声嘶力竭地大喊：“一定要完成啊！完不成就有大麻烦了！”然而，潜意识小人儿却说：“什么？有坏消息？那我们再躲躲吧……”无奈的是，我们的理性思维与潜意识往往并不统一，所以有些人拖拖拉拉，有些人则雷厉风行。

但不管怎样，当你发现在事情面前，你总是在意细节是否完美，那么就要引起足够的注意了，也许你已经走在了拖延的路上了。

拖延轨迹

瓦解你的“完美”拖延

如果你正在遭受这样的困扰，不妨问自己两个问题：

（1）如果不完美，最差的结果是什么？

（2）我需要如何补救？

你也许会感觉奇怪：为什么要去思考“最差的结果”？难道不应该是警醒自己“一定要完成，不然只会更糟”吗？这是因为我们很难用一个坏消息，去说服自己的潜意识来勇敢面对另一个坏消息。

所以，说服自己的正确思路是，如果你已经清楚地知道了最坏的结果是什么，并想清楚了自己可以如何应对时，你就会发现自己的恐惧瞬间减少了。当你知道，不完美并没有那么糟时，才会有信心去做该做的事。

“最后时刻”最要命

你也有这样的时候吧？明明已经想好了要在某个时间节点完成某件事，结果不到最后一刻就绝不行动；接到的任务明明有充裕的时间完成，却总是要拖到deadline；大小考试，不到最后的紧迫关头决不翻书复习……生活里总是有着太多的诱惑，身边很多事情都能让人轻易分心，然后，一次次对自己说“过一会儿也可以”“明天也来得及”“最后一天效率最高”等拖延之词。最后，看似高效，实则狼狈地蒙混一通。

拖延者总是认为晚一点儿开始不会有任何问题，只要自己利用好最后的时间，在高压之下，一定可以有更为优秀的表现。但事实往往并非如拖延者所愿，等待“最后的高效”，往往会让事情变得更糟。

莎莎同时担任着两家杂志的时尚专栏的撰稿人，日常工作不需要坐班，自己安排好时间按时交稿即可。她坦言，现在她已经是一名无可救药的拖延症患者了。在与朋友聊到自己的拖延时，上个月的经历仍旧让她心有余悸。

她说：“前几天没有把稿件放在心上，心想，反正都是自己熟悉的专题，过几天再写也没问题，大不了每天晚睡一会儿。所以，每天就是逛街、喝咖啡、追剧、睡觉，后来觉得无聊，还破天荒地学做了几道菜。偶尔收拾一下屋子，发一会儿呆，一周的时间不知不觉就过去了，写稿时间一拖再拖，最后只剩了四天的时间。”

“最后怎么样了？交稿了吗？”朋友问。

“稿子总算是交了，但那几天简直不是人过的日子。三万字的稿子，哪里那么容易啊？而且，两家杂志的编辑轮流催稿，一会儿微信，一会儿QQ，一会儿钉钉，手机响个不停，后来吓得我一听到手机有动静，心就跟着一哆嗦。这次是真的把我给拖怕了，以后再也不敢这么干了。”

朋友笑着说：“那你效率还够高的。”

莎莎说：“拉倒吧。哪里有什么效率啊！感觉大脑都不好用了，根本没有什么好的灵感。后来，果然有一家退了稿……”

美国国家科学基金会曾做过一项数据分析，他们发现，项目的提交量总是随着截止日期的临近而急剧增多。在这类拖延者看来，最后期限才是他们行动的信号。他们倒也未必认为高压之下会有更好的表现，而是只有到了这时，他们才开始思考完不成任务的可怕后果。

对拖延到最后的人来说，往往从开始行动的那一刻他们就会发现“时间已经不够用了”。于是，他们大多数时候会选择放弃在最后期限完成任务，而是挖空心思想着“能不能延期呢”。

他们总是会想方设法地给自己找一些无法完成任务的借口，然后向领导请示“晚一些时候”。但需要注意的是，即使你的领导非常仁慈地答应了延期，你也无须庆幸。因为让他重新定“最后期限”相当于告诉他，他之前制订的计划存在问题，这无疑是一种冒犯。

所以，无论是工作、学习，还是生活，如果你真的想把事情做好，想要在相应的时间里实现最大的效益，“马上行动”和“立即开始”才会让这一切变成现实。

拖延轨迹

用提前感知对抗最后时刻

拖延者之所以一定要等到最后时刻才开始行动，也并非他们有意为之，而是由于自身对压力的感知程度不强。他们只有到了最后期限，才能感知到“结果不妙”对自己的影响，而在此之前他们并没有真正用心地去考虑把事情搞砸会有什么样的后果。

决心解决这一问题的人可以试着花点儿心思来做一个简单的规划。

（1）我在接下来的（填写时间）之内需要完成的事情：

a. ______________________

b. ______________________

c. ______________________

（2）如果现在不做，我将受到以下影响：

a. ______________________

b. ______________________

c. ______________________

当你从这一刻起就提前感知到了压力或者后果，也许就不会那么理直气壮地拖延，而是心甘情愿地马上行动了。

好状态很重要，可惜一直没有

生活中，我们每个人都会有不在状态的时候，特别是经历了一些波折之后，常常会心情沮丧，以至于看什么都不顺眼，做什么事情都提不起精神来，即便是那些日常最喜欢的休闲活动（如看电影、逛街、聚会等），也会感觉无聊。试想一下，当处在这样的状态时，我们还会有心情做事吗？当然没有。心理学上将这种状态称为“低能量期”，多数人经过一段时间的调整仍然会回到正常的轨道上来，生活、学习、工作照旧。

但对于那些习惯性拖延的人来说，状态不好只是针对那些他们不感兴趣或者感到困难的事情。他们会把原本应该现在就做的事情一拖再拖，总是在心里嘀咕“今天心情不好，肯定做不好”“昨天太累了，我需要调整一下”“我现在这个状态，效率太低了”……最后，总结为一句话——“等状态好了再做吧”。

可是，如果状态一直不好呢？

小川的上司在周一的早会上向小川交代了一项任务——周五上交上个月的销售报告。四天的时间足够充裕，小川也很想在周五顺利提交一份像样的报告。但是他刚从办公室出来，就接到客户的投诉，搞得他一整天都郁郁寡欢，根本没心思琢磨报告的事情。他想：算了吧，明天再写。

周二早晨出门时，小川哈欠连天，原因是昨天晚上一直在为客户投诉的事情恼火，翻来覆去睡不着。他顶着熊猫眼坐在办公桌前，无精打采。毫无疑问，小川将写报告的时间再次推迟了。

周二晚上睡得不错，但不知道怎么回事，周三上班时小川还是感觉浑身不得劲儿，对什么事都提不起兴趣来，连同事叫他晚上一起去踢球，他都以“没心情”拒绝了，就更别说本来就让他头疼的销售报告了。

周四不得不写报告了，因为周五下午的周总结会上就必须拿出销售报告来了。可是，周四除了写报告还有很多日常工作需要处理，这样一来，小川就有点儿手忙脚乱了。他虽然胡乱写了一份报告，但很多细节都没有深究。他想的是，在周五的上午抽时间再修改一下。

不凑巧的是，由于上司下午临时有事，因此周总结会改在了周五的上午。小川不得不拿着那份漏洞百出的报告在大家面前各种搪塞，上司看在眼里，气在心头，当场就发了飙，把小川一通数落……

我们身边也会有很多像小川这样的拖延者，他们可能的确在身体上或者心理上出现了某些不适。毕竟，如今人们都面临着不小的压力，一时间的不在状态并不是什么稀奇的事情。关键的问题在于，接下来怎么做。

在第二次世界大战时，有一个叫维克多的人一度对一切失去了信心和兴趣。但他心中始终有一个信念：为了家人活下去。他一直用尼采的话鼓励自己——知道为什么而活的人，才能更好地活着。他坚信，只要自己能够把握住内心，总会有跟家人团聚的一天。最终，他也的确靠着这个信念活了下来，并重获自由。这个人就是后来著名的精神病学家维克多·弗兰克尔。

我国的爆炸力学与核试验工程领域专家林俊德院士，被确诊为“胆管癌晚期”。从确诊到去世的27天时间里，他戴着氧气面罩，身上插着十几根管子，仍然坚持在电脑前工作。老伴儿想让他休息一会儿，他回答：“坐着休息。坐着比躺着好啊，我不能躺下，躺下了，就起不来了！”

所以，有时候我们自认为的“状态不佳”并非真的无法克服，只是在为自己的拖延找个让自己心安理得的借口罢了。

拖延轨迹

做一个“回血存折”

尽管我们知道，在很多拖延者那里，状态不好只是一个借口，但如果我们能够消除这个借口，让自己时刻处于好的状态当中，不是更好吗？为此，当你感觉状态不好时，可以去做一些能够让自己“回血”的事情。这些事情的特点是：

（1）能立刻上手，短时间内即可完成。

（2）需要一定的专注力和思考力。

（3）能够带来成就感。

不妨在生活和工作中积累这些事情，把它们整理成一份“回血存折”。当你心情不佳的时候，打开这张“存折”，随便挑一件合适的事情去做。比如：

在网络上分享一些心得，帮助别人。

打一场自己擅长的竞技游戏。

做一项有趣的小运动。

用娱乐软件唱一首歌。

整理一下自己的办公桌、电脑文件、书架、房间等。

为一些不急的事项收尾。

…………

一个人专注地完成一件能带来成就感的小事后，常常可以有效提高其掌控感，即感到“生活是能够被自己掌控的”，从而提高自己面对困难的勇气和信心，让自己再度恢复活力。当然，重要的是，做完这些事情后要投入工作或学习中，而不是沉浸在“存折”之中。

03

拒绝内耗，拖延也许不全怪你

尽管拖延猛如虎，常常把人变得面目全非，但也没有必要谈拖延色变。因为拖延这事儿，既稀松平常，又有很多形成因素。作为拖延症的受害者，更应该做的是拯救自己。

拖延之病，自古有之

尽管我们痛恨拖延，拖延却无处不在。总有一些早晨，我们会赖床以至于迟到；总有一些报告没有按时上交，导致我们被指责；总有一些考试因为没有及时复习而失败……如果你因为拖延而过度自责，甚至悔恨、焦虑，那也大可不必。

因为拖延普遍存在，你不是一个人在“战斗”。有一组数据或许可以让那些因拖延而焦虑的人感到一丝安慰：

有86%的职场人患有拖延症；有48%的职场人死盯着deadline，不到最后绝不开始；另有13%的人如果一直没人催就会一直拖延着。

我们总是擅长制订计划，却又更加擅长拖延计划。明明知道还有那么多的事情要做，还是忍不住拖了又拖。

在拖延这件事上，人的底线比我们想象中还要低。但这似乎是人类的天性使然——

首先，人类大脑从构造上就已经为拖延做好了“准备”。研究发现，大脑中的杏仁体具有对形势以及可能产生的结果做出判断，并提醒人们因此可能产生的负面影响的功能。因此，那些大脑杏仁体较大的人，相较于杏仁体较小的人，可能更担心行动的负面影响，从而表现出犹豫和拖延。

其次，人类的进化过程也为拖延埋下了伏笔。科学家通过对各个时期人类大脑的分析发现，人类负责感性的大脑区域（边缘区域）的出现远远早于负责理性的区域（前脑），并且感性的反应要快于理性的思考。这一点在减肥的人看来，特别好理解。比如，我们看见美食时，多数时候都无法控制，常常会“今天先吃，明天再减”，就是因为边缘区域先发出了“吃”的信号，而等到理性的前脑反应过来时，我们已经在吃了。

此外，从心理学的角度来看，拖延也是情理之中的事。弗洛伊德提出的“痛苦—快乐”理论认为，我们所做的每一件事情都是在追求快乐，逃避痛苦。所以，当我们面对那些让我们不太快乐或者痛苦的事情时，我们会本能地选择逃避。

这样看来，拖延并非只是人的懒惰引起的，更多的时候是大脑结构以及心理使然，毕竟人类天生就或多或少地带有拖延特质。

既然拖延是天性，是普遍存在的，也就没有必要因为拖延了一些事情而过分地给自己施加压力。我们只要正确地认识到拖延的存在，并尽可能地改正就好了。

其实，人最舒服的状态，就是全然接受目前的状态，而不是与其对抗。所以，当我们真的必须面对这种既反映人性又带点可爱的、既让人焦虑又让人放松的、既想要甩掉又习以为常的拖延时，请先不要着急或沮丧，只要清晰地知道它存在就可以了。

拖延轨迹

名人也拖延

既然说拖延是人类的共性问题，那么名人也就不能例外了。古往今来，不知道有多少令我们崇拜的名人也和我们一样，是拖延者呢！

达·芬奇：据记载，达·芬奇去世时，他手里还有五六幅画作没有完成。他曾写道："告诉我，告诉我，有哪样事情到底是完成了的？"

胡适：赴美留学期间，胡适曾满怀雄心壮志地写下："新开这本日记，也为了督促自己下个学期多下些苦功。先要读完手边的莎士比亚的《亨利八世》……"然后，他和室友连打了三天牌。7月16日，胡适幡然醒悟，痛定思痛，他严肃地写下："胡适之啊胡适之！你怎么能如此堕落！先前订下的学习计划你都忘了吗？"然后，他满意地合上笔记本，又打了两天牌……

乔治·布林顿·麦克莱伦：他在美国南北战争时任北方军总司令，被誉为"小拿破仑"，在战争中屡次追求完美，认为"打仗就必须打胜仗"，所以一定要打"有准备之仗"。1862年，他在美国南北战争中多次犹豫不决，最终在兵力两倍于敌军的情况下错失全歼南方军队的机会。

当然，这些显然都是失败的例子，列举出来，不是为了鼓励拖延或者让大家放松对拖延的警惕，只是想强调一点：每个人或多或少都有一点儿拖延症，名人、伟人也不例外。他们拖延时的样子与我们普通人别无二致。

对此，你有何启发呢？

家庭关系也许会影响你

心理学研究发现：一个人的行为方式常常代表着他与家人的关系，他对待事情的态度，无论是悲观还是积极，其实是原生家庭状况的体现。我们常说“父母是孩子的第一任老师”，是因为孩子的一言一行无不是从与父母的相处中习得的。

不同的家庭关系传递给孩子的信息可能完全不同。所以，原生家庭与你的关系也可能对拖延产生影响。即便你已经长大成人，那些藏在童年记忆深处的潜意识也仍然会左右着你今天的某些行为。

莱雅是一位单亲妈妈，同时在一家大型企业做高管，可谓事业有成。令她无奈的是，孩子在上初二时成了学校的反面典型。原因是他永远完不成老师布置的作业，不管作业多还是少，孩子从来没有全部完成过。

为此，班主任不止一次地找孩子谈话，但孩子总是一副不以为意的样子。于是班主任不得不请莱雅到学校，希望能够与其沟通，解决孩子的问题。莱雅却连续三次都说自己有事需要改期，第四次才终于去了学校，见到了老师。

老师刚一开口说“孩子做事很拖拉”，莱雅就对着儿子厉声说道：

“跟你说了多少次了，做事不能拖拉，怎么就记不住呢？”没想到一向不爱说话的孩子竟然当着老师的面对莱雅喊：“你还不是一样？上个月就答应给我买鞋，现在还没买呢！每次想让你帮忙做点儿什么，你都说等一会儿、过几天。你什么时候说干就干了？”

孩子的话让老师和莱雅都惊呆了。

老师请孩子回到班上，然后问莱雅为什么孩子的事她如此不上心。莱雅不好意思地解释说，自己平时工作太忙了，总是忘了，有时候想起来，就想着周末去做，到了周末又有别的事情，一来二去就耽误了。

像莱雅这样自己本身就有拖延的毛病，而且亲子关系也不是很和谐的家庭，很容易造成孩子的拖延。在家庭心理学中，家庭关系往往呈现多种倾向，而与拖延相关的，可以总结为五种：打压型、期望型、控制型、溺爱型和冷漠型。

1.打压型

如果你在小时候总是遭受家人的打压，比如，你总是被说“这有什么骄傲的”“这都做不好”“你哪里有什么优点啊”等，久而久之，这样的氛围就会让你觉得自己实在是个很差劲的人，那么自卑的你在做事时就容易畏手畏脚，害怕失败，面对那些具有挑战性的任务，就会不自觉地向后拖延，不愿意尝试。

2.期望型

望子成龙、望女成凤的父母总是对孩子抱有很高的期望，希望孩子处处表现一流。你的缺陷和瑕疵常常被看作失败，并认为是令人羞耻的。在这样的压力下，你会觉得做任何事情都只能成功，不能失败。但谁能在所有的领域一直都保持优秀呢？所以，在面对风险无法掌控的事情时，人就会变得犹豫、躲闪，以至于用拖延进行逃避，害怕自己优秀的形象毁于一旦。

3.控制型

控制型的家庭关系中，父母总是对孩子的生活指手画脚，他们为孩子决定所有事情——吃什么、穿什么、学什么、做什么、怎么做、跟谁交往、学什么专业等。你从来都不能自己掌控生活，“哪里有压迫，哪里就有反抗”，于是你可能会通过拖延向父母表示不满。即便成年之后，当你遇到被命令、被压迫的情况时，也仍然很容易出现拖延的行为。

4.溺爱型

假如你从小就受到溺爱，那么父母可能会为你做好一切，吃喝拉撒睡等所有的事情都无须你自己费心，你只要做一个衣来伸手、饭来张口的“小皇帝”即可。但这对你并没有什么好处，因为你无法建立起对自己能力的信心，以至于遇到比较困难的事情时，只能通过拖延来逃避挑战。

5.冷漠型

如果你与父母关系淡薄，缺乏情感连接，也有可能出现想要表现得更好来吸引父母的注意力，赢得他人的认可的倾向。然而，越想表现得好，就越怕失败，越怕失败，就越不敢开始，从而导致拖延。

我们谈论这些，只是希望拖延者可以从客观的角度来看待拖延，而不是将拖延完全归咎于原生家庭。毕竟，原生家庭只是定义了我们的过去，并不能决定我们的一生。当我们的自我意识觉醒并变得强大以后，我们应努力学会分化出一个独立成熟的自我，从而摆脱原生家庭的束缚，摆脱拖延症的困扰。

拖延轨迹

整理你的童年创伤

我们都知道一句话：美好的童年治愈一生，不幸的童年则需要用一生去治愈。有一些童年的经历会增加孩子的安全感，让他们感到被支持、被理解；有一些经历则会增加孩子的压力，导致孩子出现生理问题或心理问题。

我们不妨来总结一下自己的童年经历，把那些事情写出来，帮助我们正确认识自己现在行为的根源。

（1）我盼望的：

爱护________________

温暖________________

自尊________________

支持________________

（2）我经历的：

指责________________

打击________________

控制________________

忽视________________

强迫症也可能导致拖延

很少会有人将强迫症和拖延症联系在一起，在大多数人眼中，强迫症与拖延症是截然相反的。前者是“不做不行”，比如发现地上有头发要立即捡起来扔掉，出门散步回家后衣服必须消毒，办公桌上的文件一定要摆放得整整齐齐，凡此种种。后者则是“尽量不做”，遇事先想“明天做行不行”“可不可以不做”“晚一点儿也没事儿吧”。

但如果你有过下面这样的经历，也许就很容易理解强迫症是如何导致拖延症的了。

我们很多人都有晚睡强迫症而不自知。当我们辛苦工作或学习了一天，凌晨时分终于可以休息了。按照身体的需求，此时我们本应该躺下就睡，但事实上，那些有晚睡强迫症的人还有很多事情要做。他们会觉得睡前应该读一会儿书，于是拿起书翻了几页。接着，放下书，拿起手机胡乱翻看一阵。然后，理智地提醒自己，第二天还要按时起床，还有重要的工作要做，早点儿休息才有利于第二天的工作，手和眼睛却像是被某种神秘力量控制了一样，就是无法离开手机。好不容易把手机放在了枕头边，又担心第二天醒不来，于是再次拿起手机定闹铃。结果，拿起手机又想看一下微信朋友圈……等到终于关了灯，躺下来，已经又过去了一个小时。

自知不该，又不由自主，我们在强迫自己不睡觉的同时，也在拖延睡觉。也就是说，我们在强迫自己做一件事情的时候，也在拖延另外一件事情。这就是强迫症导致拖延的原因。

两者之所以有着某种程度的联系，是因为从心理层面来看，它们本身就有着共同点——都与焦虑情绪密切相关。

在前面的章节中我们说过，拖延者之所以拖延，有很大一部分原因在于他们对要完成的事情感到焦虑，害怕自己做不好，不敢面对失败，从而选择逃避。他们在拖延的那一段时间内，可以暂时缓解内心的压力。而强迫症患者反复、刻板地进行一些强迫行为，也是为了缓解内心的焦虑和不安。比如，有些人会反复洗手，以获得暂时的安全感或者是控制感。

赵烨经过高中三年的努力如愿以偿地进入了大学校园，然而还没毕业就听说现在工作不好找，本科毕业生就业压力很大。于是，他决定考研，但最终他的分数与录取分数相差悬殊。

家人劝他先找工作，有了工作后可以边工作边考研。赵烨却说："工作哪里有那么好找啊？再说，等研究生毕业了，我就比现在有优势了，工作也能上一个台阶。"

于是从学校毕业后，赵烨在家里全力以赴地准备考研。可惜的是，经过一年时间的奋战，工作没找，考研再次失败。然而，他还是不肯放弃，认定考研才是他唯一的出路。

造化弄人，考了三次，赵烨依旧没能研究生"上岸"。而此时，那些一毕业就参加工作的大学同学已经有了三年的工作经验，即便没有研究生学历，也都已经在各自的工作单位有了一席之地。

不得不面对屡次失败的现实，再加上家人不断劝说，赵烨现在常常处于矛盾之中。他既不敢面对找不到工作的事实，又无法说服自己和家人继续考研，只好每天躲在屋里玩游戏，有时候连饭都不想出去吃……

可以说，案例中的赵烨将“执意考研”和“拖延工作”完美地结合在了一起，一边强迫，一边拖延。

拖延轨迹

你会因为强迫症而拖延吗

为了了解自己有没有因强迫症而拖延，我们不妨通过回答以下问题来看看自己是否有强迫症的倾向：

问题1：出门后总是担心没有关好门窗、煤气等。

是——跳至（问题4）

否——跳至（问题2）

偶尔——跳至（问题3）

问题2：时常怀疑自己上下班忘记打卡。

是——跳至（问题5）

否——跳至（问题3）

偶尔——跳至（问题4）

问题3：常常产生不祥的念头，如家人晚归一会儿就担心出了意外。

是——跳至（问题5）

否——跳至（问题6）

偶尔——跳至（问题4）

问题4：反复做同一件没有必要的事情，如反复洗手、照镜子、整理衣服、擦地等。

是——跳至（问题7）

否——跳至（问题6）

偶尔——跳至（问题5）

问题5：会因为鸡毛蒜皮的事而情绪不好。

是——跳至（问题7）

否——跳至（问题6）

偶尔——跳至（问题8）

问题6：情绪不好时经常有极端的想法，尽管不会实施。

是——跳至（问题8）

否——跳至（问题7）

偶尔——跳至（问题9）

问题7：总是放不下还没完成的工作，以至于心烦意乱。

是——跳至（问题10）

否——跳至（问题8）

偶尔——跳至（问题9）

问题8：明明很讨厌有些东西，却忍不住反复回忆见到时的情景。

是——跳至（问题10）

否——跳至（问题9）

偶尔——跳至（问题10）

问题9：除了正常的饮食起居，每天都有不做就不踏实的事情。

是——跳至（结果A）

否——跳至（问题10）

偶尔——跳至（结果B）

问题10：去吃饭或乘坐交通工具总是坐固定的位置。

是——跳至（结果C）

否——跳至（结果E）

偶尔——跳至（结果D）

来看看自己的强迫症指数：

A. 强迫症指数：99%

此时拖延显得不那么紧要了，因为高指数的强迫症已经直接影响到了你的工作和生活，你可能经常为此发生人际关系危机，你的一些行为也会引起周围人的关注。你尽管意识到自己不该做什么，却无法控制自己停止。所以，你最该做的是想办法让心情放松下来。

B.强迫症指数：80%

常常在一些无所谓的小事情上伤脑筋，虽然痛恨自己的行为，但还是忍不住去想、去做。有时候，你明知道自己做得很好，还是会对一些细微处不满意。因此，拖延一些事情是必然的。

C.强迫症指数：60%

这是一个刚刚好的指数，你的强迫倾向源于你对待事情认真负责的态度。你对自己有要求，做事有原则。因此，你也会常常担心自己忘记些什么。不过，不用担心，这样程度的强迫症带来的小小拖延不会有什么影响，只会督促你成为值得信任的人。

D.强迫症指数：40%

你的生活中几乎看不到强迫症的影子，只有在特定情况，它才有可能直接影响到你的生活。所以，继续保持良好的心态，以愉悦心情面对生活，更能提高生活质量。

E.强迫症指数：10%

神经大条的你从来不愿意考虑那些复杂的事情，你也不会让多余的烦恼捆绑住自己。所以，你是个相当会生活的人。

如果你的强迫症指数较高，无论你的强迫行为是否会造成拖延，都需要引起重视！产生强迫行为通常是潜意识为了切断某种情境下的焦虑感，但这只是强迫症患者的一厢情愿罢了。那些刻板的惯性行为不仅无法减轻焦虑，反而会让强迫症患者走入死循环。

总是拖延，注意力不集中，你可能是病了

说到注意力缺陷，我们通常只会想到孩子，因为他们表现得更加直接，比如，总是动来动去坐不住，上课总是开小差，或者总是乱发脾气——总的来说，他们很难坚持完成一件事。

然而，这些表现同样会出现在拖延者身上，只不过你从来不知道而已。

近年来，随着精神健康知识的普及，“成人ADHD”一词频繁出现在人们的视野中。ADHD其全称是“注意缺陷多动障碍”，即多动症，起病于儿童时期。相关研究显示，儿童ADHD的患病率约为6.4%，成年人ADHD患病率为2.8%—4.4%。也就是说，有部分儿童患者会随着大脑的逐步发育完善而痊愈，但有约一半患者如未经治疗，症状会延续到成年。

由于对该病的认知不足，很多成年ADHD患者都是在经过反复拖延、反复内耗之后才认识到自己的拖延可能并非懒惰所致，并最终得到专业的解答。

马上就要硕士毕业的小珺，想要继续攻读博士学位。但是，他发现自己的拖延问题越来越严重。有时候他很想专注地把论文写完或者安静地思考一下实验过程，却总是不自觉地开小差，不是起来走动，就是没来由地发呆。为了让自己安定下来，他想尽了办法，却无济于事。小珺意识到这可能是自己的意志力出了问题，于是来到某医院心理科，经过一系列检查，最终被确诊为ADHD。

小珺表示，他从来没有想到自己注意力不集中是一种病。他说，从小自己的学习成绩就很好，老师和家长也都觉得他很聪明，就是“贪玩儿”“不认真”“坐不住”。谁能想到原来自己早就病了呢？

小珺还坦诚地和大家分享了他的就诊经历。他说，ADHD诊断要求12岁以前出现症状，所以医生反复向他了解了他的发育史和成长史，不断让他回忆小学期间发生的事情。同时，医生还让小珺根据小时候的情况做了ADHD的量表测试。最后经过综合诊断，他才被确诊。

小珺坦言，现在自己反倒如释重负，不像之前那样自责、懊悔，完全无须内耗了，因为这一切并非自己意志差或者品质差，而是自己真的病了。

对于精神类疾病，很多人都有点儿讳疾忌医，特别是家长，即便有人提醒说孩子可能存在这方面的问题，家长也常常会不以为意，导致很多人直到成年才知道他们也是ADHD患者。

值得注意的是，有些ADHD患者的表现不是十分明显，特别是女孩，她们往往只表现出上课走神发呆，因此更加容易漏诊。另外，专家表示，ADHD患者除注意力缺陷外，还可能伴有对立、违抗、焦虑、抑郁等问题。有些ADHD患者会误以为是自己不好，而出现自我悔恨、自我惩罚等行为。

所以，如果你真的很难集中注意力，干什么都容易走神，及时采取措施强迫自己认真做事依然收效甚微的话，先不要急着批评自己，也不要因为被别人贴上“懒惰”“愚笨”“不用心”等标签而感到愤怒或是沮丧，不妨找专业人士来诊断一下，以防万一。

拖延轨迹

你有ADHD吗

成人ADHD的诊断标准通常包括以下几个方面：

（1）症状表现。主要包括注意力不集中、多动和冲动等，这些症状须在至少两种环境中出现，如工作、学习、社交等。

（2）程度标准。症状须严重到干扰日常生活和工作，且持续不少于六个月。

（3）排除标准。须排除其他疾病或因素所致，如抑郁、焦虑、药物等。

（4）功能损害。须出现明显的功能损害，如效率下降、成绩下滑、社交障碍等。

（5）发展历史。须在儿童时期就已表现出类似症状。

温馨提示：成人ADHD的诊断需要专业医生进行评估和诊断，如果你的确符合上述的标准，请寻求专业帮助。毕竟，每个人的状况不同，专业人士会给出个体化的方案，也更利于我们早日回到良好的工作和生活状态。

焦虑和拖延常常并肩而行

你有过这样的体验吗？当一个对你来说不是很容易的任务摆在眼前，需要你立即着手去做的时候，心里就会莫名其妙地滋长出焦虑情绪。随之而来的，就是拖延。但你一旦开始拖延，对无法完成任务的焦虑就会再度来袭。也可能，你先因拖延产生了焦虑情绪，焦虑又让拖延升级。无论谁先谁后，最终两者都会纠缠在一起，直到把事情搞砸。

很多时候，我们无法分清楚究竟是焦虑导致拖延，还是拖延导致焦虑，就好像没人知道究竟“先有鸡还是先有蛋”一样。重要的是，当我们出现拖延的时候能够认识到焦虑的存在，如果能够消除焦虑情绪，那么拖延也常常可以不攻自破。

我们可以看看自己有没有以下几个特征：

* 优柔寡断　　　　* 缺乏信心
* 严重依赖他人　　* 害怕冒险

如果你的确有这几个方面的表现，这说明你可能在做事之前就会因害怕失败、担心自己选择错误等而感到焦虑，那么你很可能是一个焦虑拖延者（worrier procrastinator）。那么，焦虑为什么会让人变得拖延呢？

首先，焦虑的根源是对任务产生的负面情绪，因此必然会增加人们对任务产生的厌恶感，拖延就变得顺理成章了。

其次，焦虑也会让人对任务投入过多的思考，但更多的反刍往往会让人陷入不知所措的境地，特别是在面对一些不确定的问题时，会让人更加无从下手，从而出现拖延。

因此，人们在面对那些让他们感到焦虑的任务时往往更容易拖延。

王阿姨是一位退休教师。原本在工作中雷厉风行、认真严谨的她，最近却总是拖拖拉拉、马马虎虎，不是懒得做饭，就是不想看书，洗衣机洗好的衣服她也常常拖着不去晾，她的脾气也越来越急，全然没有了昔日人民教师精神奕奕、端庄大气的风采。

而导致这一切的原因竟然是她要做奶奶了。做奶奶不是值得高兴的事吗？王阿姨为什么会深陷焦虑症的泥沼呢？一家人一筹莫展，只得带王阿姨找心理咨询师寻求帮助。

在心理咨询师的帮助下，王阿姨焦虑的原因终于找到了。原来，王阿姨原本在教学岗位上就是一个极其认真的人，她热爱自己的教师工作。退休后，王阿姨没有什么业余爱好，整日待在家里，除了做做简单的家务，就是莳弄花草，虽然内心有些失落，但也算惬意。

然而，知道儿媳怀孕后，她就莫名地感到紧张和不安，经常无故担心，但是又不知道自己该做些什么。她说："我整日提心吊胆，身体也常常不舒服。我教了那么多孩子，对于做奶奶这件事却没有一点儿准备……因为心里感到焦躁，所以什么事情也懒得做，越是什么都不做，就越是觉得自己做得不好，现在成了死循环。"

王阿姨的案例就是典型的焦虑导致的拖延。但同时，拖延又是焦虑的"培养皿"，一不小心焦虑就会疯狂生长，使人的精神越来越差。不过，很多人最初可能也像王阿姨一样，并没有感觉到焦虑的存在，只是看到了拖延的表象，从而无法从根本上解决拖延的问题。

当然，即便焦虑与拖延互为因果，如影随形，看起来牢不可破、坚不可摧，事实上也未必如你想象中那样糟糕。毕竟，虽然不是人人都有拖延症，但每个人都或多或少有拖延的行为；虽然不是人人都有焦虑症，但每个人也都会有焦虑的时刻。只要我们对两者保持足够的警惕和重视，它们偶尔出现也是正常的。

拖延轨迹

提高你的决策力

拥有良好的决策力可以让你在遇到困难或问题时减轻焦虑，从而避免拖延。试一试下面的方法：

（1）学会详细描述问题，描述越详细，说明你对问题的认识越清晰。

（2）列出你所有的选择，这样可以减少问题的不确定因素。

（3）分析你的选择，帮助你做出最好的选择。

（4）按照你的选择坚定地去执行。

（5）反思这一次的结果，为下一次更好地处理问题储备能量。

除了这些方法外，你还可以自己思考一些有效的方法并付诸实践。不要要求自己的方法一招定胜负，因为努力寻找解决办法的过程本身就是一种有效对抗焦虑和拖延的方法。重要的是，你已经战胜了自己，并开始行动了。

环境也是值得考虑的因素

尽管大多数时候我们会把“拖延”说成“懒”，但实际上“懒”只是拖延的一部分，是一个人主观思想的体现。拖延其实还与客观环境有关。

我们都知道，任何事情都有主观和客观之分，主观、客观相互独立，又相互依存，二者辩证统一，才能够成就事物的完整性。

比如，眼前有一棵树，这是客观事实，人人都可以看到这棵树的存在。但是，在不同人的眼中，这棵树象征的意义却十分不同：在一个木匠的眼中，它是一块适合做家具的好料；在一位画家的眼中，它生机勃勃，充满了生命之美。哪怕是同一个人，在不同情绪状态下，对这棵树也有不同的感受：情绪高昂时，会觉得它朝气蓬勃，令人精神振奋；情绪烦躁时，则会觉得它狂妄招摇令人生厌。

同理，拖延这件事本身也是有主观、客观之分的。主观就是拖延者本人的态度、意志、认知等，客观就是任务以及除拖延者本人以外的所有外部环境，而外部环境并不以拖延者本人的意志为转移，所以，对完成任务不利的外部环境也常常会成为做事的掣肘，最终导致拖延。

一个初三孩子的妈妈到心理诊室咨询，说正在读初三的儿子有严重的拖延症。一开始他还只是作业不按时完成，后来其他的事情也一样，吃饭都要叫好几遍才磨磨蹭蹭地坐到餐桌旁，洗漱、上厕所、收拾书包、起床……样样都慢得惊人。

在与这位妈妈的交谈过程中，咨询师慢慢了解了其中的原因——

（1）家庭人员混杂，家里除了爸爸妈妈，还有奶奶以及小姑，平日里各种人声不断。

（2）父母都比较强势，喜欢强行给孩子增加学习任务。

（3）奶奶和姑姑比较宠孩子，手机、平板电脑、游戏机一应俱全。

在这样的环境中，就算是成年人也未必能够做得很好，何况是一个正处于青春期的孩子呢？复杂的家庭环境、强势的父母以及电子产品的诱惑，其中任何一项都可以成为孩子拖延的诱因。

没错，外部环境虽然属于客观因素，但客观因素对人的主观意识的影响是不容忽视的。因此，对于拖延者而言，很多外部环境都是值得考虑的造成拖延的因素。

1.任务环境

任务环境对拖延有一定的影响，主要体现在两方面。

一是外界诱惑。在面对任务或者进行任务时，外界诱惑（特别是娱乐方面的）往往更具吸引力，这可能是由于人类天生具有追求快感的本能。因此外界诱惑越多，人就越容易拖延。二是外界监控。惰性是普遍存在的，也是人类的天性之一，因此当外界缺乏合理的监督时，人也会因为没有紧迫感而增加拖延的概率。

2.任务特性

任务特性是任务接受者需要直接面对的外部因素，因此也会对拖延产生最为直接的影响。

一是奖惩时间。大多数人都会对有及时性的奖惩的任务更为敏感，也更愿意立即完成；对那些奖惩严重滞后的任务，则更倾向于拖延。

二是任务难易。任务本身越难，越容易触发人的回避倾向，越容易拖延。任务过难会让人难以将注意力集中在任务上，而是去通过其他些活动减轻糟糕情绪。此外，任务越枯燥，人就越容易拖延；任务对于个人的价值越小，被拖延的概率也就越大。

三是任务呈现方式。同样的任务以不同的方式呈现也会影响拖延行为，比如将任务描述得越具体、越轻松，就越能减少拖延行为，因为这种呈现方式不会触发任务接受者的自我保护欲望，如害怕伤自尊、暴露缺点等。

四是任务结构。任务本身的结构规划也很重要，如果任务缺乏完整的结构，那么任务接受者就不得不反复评估和决策，从而大概率会造成拖延。

3.成长环境

拖延往往并非一日形成的，而是在很大程度上受到家庭教养方式和学校教育的影响（这一点在前文已有描述）。总之，温暖的家庭里成长起来的孩子，更容易形成积极的自我认知，更加自信乐观，也更有意愿主动承担并按时完成任务；此外，受教育程度越高的人越不易拖延，这可能与其有更多、更好的资源，以及能够更好地自我管理有关。

总的来说，拖延并不完全是个人的问题，关注环境也很重要。

拖延轨迹

一个简单的问题

我们说外部环境也是分析拖延行为时值得考虑的因素，并不意味着拖延者本人就可以推脱说："这都是外部环境造成的，跟我没关系！"

因为一开始我们就说过，主观、客观是统一的，是相辅相成的。所以，对于自己的拖延，你也可以自己来划分一下责任：

（1）外部环境因素有哪些？如何解决？

（2）我自身的主观因素有哪些？如何解决？

有些事情，拖就拖吧

不可否认的是，拖延的确会给我们的工作和生活带来很多麻烦。比如：在职场中，如果你拖延了自己的工作，就有可能导致整个团队的任务受到影响；在生活中，因为自己拖延成性，家人交代的事情一直没有去做，结果家里闹得鸡飞狗跳；在学习中，因为你总是被游戏吸引，耽误了学习，导致挂科，无法毕业……

但同样无法否认的是，有时，拖延也未必是坏事。

小孟是一家超市的采购员，他已经在那里工作好几年了。由于小孟平时大大咧咧的，工作上虽然没有出过什么大问题，但也从来没有表现得积极肯干，总是给人一种万事不急的感觉。所以，直到现在，他仍然只是一个小职员。

有一次，超市突然接到客户投诉，说自己买到的整盒鸡蛋都不新鲜，要让超市10倍赔偿。超市老板认为是鸡蛋供应商的问题，因此，他要求小孟立刻打电话给这个供应商，要求终止合作并对超市造成的损失进行赔偿。

小孟对这个供应商很了解，直觉告诉他，问题可能并不在供应商身上。他刚想解释几句，就被正在气头上的老板骂了回去。于是，小孟回到办公室里准备打电话。但是，坐在办公桌前时，小孟一边想着如何措辞，一边琢磨着事情很奇怪，于是就没着急打电话，而是先处理了手上其他紧急的工作。等处理完，正要给供应商拨电话时，一位同事匆匆跑进来叫住小孟，说事情搞错了。原来，是那个顾客自己将鸡蛋搁置在高温的地方导致鸡蛋变质了，想要把责任推给超市才闹了这么一出。

老板问小孟为什么没有打电话，小孟说因为他了解这个供应商，而且他将事情的经过又思考了一遍，同时也在想如何与供应商沟通这件事，才能既解决问题，又不伤体面。老板听后，对小孟进行了表扬，说幸亏小孟思虑周全，否则就失去了一个很好的合作伙伴。

我们不鼓励拖延，但有一些事情，如果你等等再做，它们可能真的会消失。

一种情况是客观条件发生变化，任务消失了。就像上面的案例一样，因为真相水落石出，所以任务无须执行。再比如，一对夫妻很想在某城市买房，但按照政策，在该城市买房需要有一定的购房资质，但这些手续办下来需要大半年的时间。于是，夫妻俩就拖着没买。没想到，两年后该城市完全放开了购房限制。

还有一种情况是，你不做，会有其他人去做。比如，公司搞团建，需要各个部门都出节目，你被指派为节目的编排者。你没有什么才艺，也不喜欢表演。于是，你干着急了两天，什么也没做。这时，你发现那些喜好热闹的同事早已经跃跃欲试了，他们不断向你发出想要表演的信号。你只说了一句“那就交给你了”，你的任务就消失了。

当然，我们并非鼓励大家拖延，而是希望帮助拖延者减少内耗，不要一想到自己是个拖延者就仿佛自己犯了天条一般产生罪恶感。只有减少内耗，才能有更多的精力去做事，去把事情做好。对抗拖延本身就是一件不容易的事。俗话说“习惯成自然”，对于已经养成了拖延习惯的人而言，只有以轻松的心态来应对它，才有可能产生好的效果。

拖延轨迹

如果我说“不”呢

拖延总给我们的生活带来麻烦。但有时候，主动“拖延”一下，也未尝不可。

回想一下，在你的工作或者生活中是否经历过以下场景呢？

场景一：拖延也是一种自我保护手段。

史磊是一家广告公司创意部的职员，他经常有一些奇妙的好创意。有很多次，他们的创意部因为他的好点子受到了表扬。然而，让史磊气愤的是，有好几次，他的上司找他单独沟通，他提出创意后，他的上司稍加改动后，就以自己的名义提交给公司，以至于公司上下没有人知道这是史磊提出来的创意。后来，上司再找他单独沟通时，他就总是拖延着，直到部门大会，他才将自己的创意提出来。

场景二：将拖延作为无声的拒绝。

佳佳刚刚进入公司时，她的部门经理对她格外热情。但好景不长，很快这个经理就开始让她干本职工作以外的事情，比如买早餐、买咖啡、接孩子等。佳佳对此很是反感，但又不好意思明说，于是经常拖延着不做。慢慢地，这位经理就不再让她做这些事情了。

有时候，拖延并不是一种消极行为，而是一种策略性的应对方式。适当的拖延在某些情况下是有益的，可以帮我们更好地处理复杂的人际关系和工作环境。

04

立即行动：克服拖延从“心”开始

我们常说：只要心存希望，心向阳光，一切都可以向上生长。克服拖延也是一样的。只有你的心态、思维先开始改变，你的行为模式才能跟着发生改变。

你是否已经下定了决心

当一个人下定决心要改变自己时，真的可以改变吗？

回答之前，我们先来看一个小故事。

在英国一个小镇，有个卖花的小姑娘，在小姑娘卖花的地方不远处有一个乞丐。小姑娘每天用心地把每束花都包装得漂漂亮亮的，乞丐每天都无精打采地在街边半躺着。

有一天，小姑娘收摊之前还有一束花没有卖出去，但是她不想把花拿回家，于是顺手把花送给了乞丐。

乞丐接过花，迷人的花香让他惊喜不已，他当即决定要给这束美丽芬芳的花一个温暖的家。虽然想到自己那个破烂不堪的家，他有些不自信，但他还是决定为这束花努力一下。

回到家后，他把花放在桌子上，心想：这么漂亮的花应该有一个漂亮的花瓶来配。于是，他四处寻找，终于在院子的角落找到了一个玻璃瓶。但玻璃瓶上沾满了油污和灰尘，他花费了半小时才把玻璃瓶洗净。把鲜花插进去的那一刻，他的心情舒畅极了。

可是，当坐下来欣赏这束花时，他又发现自己的家里又脏又乱。他心想：唉，还是不行啊！于是，他又开始收拾房间。他把一些很久不用的东西全部扔掉，把有用的东西统统摆放整齐，将屋里的家具也擦拭干净了。

两个小时过去了，乞丐看着干净整洁的房间，欣慰地笑了。他对着花说：“你看，我终于给了你一个漂亮的家。”

然而，当他一转身看到镜子里的自己时，心里一惊：天啊，还没有完成！这么干净的房间里，怎么能站着这么个脏兮兮的自己呢？

于是，已经疲惫不堪的乞丐拿出干净的衣服，开始洗澡。

等这一切都做完之后，他看着镜子里的自己，挑了挑眉毛，说：“你这么年轻帅气，怎么能是一个乞丐呢？”他决定要让自己像那束花一样鲜艳、美丽、充满生机。

第二天，他开始找工作。但是他毫无所长，屡屡碰壁，以至于有些心灰意冷。但他一想到那束鲜花，丧失的斗志就被再次点燃。终于，他找到了一份工作。经过慢慢的努力，他工作得越来越好，已经完全没有了做乞丐时的影子。

现在，他经常会去小姑娘那里买花。每一次，他都在心里对小姑娘说：“谢谢你，给了我改变的决心！”

乞丐决心改变，就是从收到小姑娘那一束花开始的。他相信，那束花和他都应该有更好的生活，虽然这个改变比他最初想象中要曲折一些，但他仍然做到了。也许有人觉得乞丐的所谓改变实在太简单，不就是把周围的环境和自己都收拾干净吗？然而，对于一个乞丐来说，这并不仅仅是做出一点儿行动，而是从心灵的最深处与过去的自己告别。

也许这名乞丐早已发现：如果你无法改变世界，就只有改变自己。如果你无法改变自己，就只能承受世界对你的唾弃。但是当他有了那束美丽的花时，他才发现：自己才是一切的根源！

所以，要想改变一切，首先要改变自己！

毫无疑问，所有拖延者都迫切地想要改变自己，他们曾无数次在心里发誓：我一定要改掉这个毛病！然而，太多的人半途而废。这倒不是说当初他们在做决定的时候没有想清楚，或者是决心不够大。只是很多人都是“三分钟热度”，激情一过，立马现出原形，又变回了那个颓废又拖拉的自己。

我们再来说案例中的乞丐，假设他发现除了要有一个瓶子外，还要把瓶子洗干净，除了干净的瓶子还要收拾屋子，除了收拾屋子还要整理自己……每一次他都可以放弃，让自己再次回到原来那种“毫不费力”的生活里。但他没有，因为他决心要让那束花有一个好的归宿。

所以，如果你真的想要改变拖延这个习惯，那么强大的决心是第一要素。拥有一种“不成功，便成仁”的决心是你成功的关键，比起喊口号、换头像、发微信朋友圈等行为，要重要得多。

最重要的是，你要明白一件事：无论你在最初下过多么坚定的决心，想要克服一种习惯都会遇到坎坷。所以，你是否做好了要与拖延进行无数次拉锯战的准备？

拖延轨迹

你的决心够坚定吗

什么是真正的决心呢？看一看你想要改变拖延的决心够不够坚定。

（1）起心动念，下定决心。所有的改变都源于自己的一个想法，或受到了某种刺激，或有了某种感悟。让你想去做一件事情，这就是起心动念。但这还不够，你还需要经过慎重考虑和权衡，确定这件事情你必须做，且具有优先级别，而不是一时兴起。

（2）郑重承诺，请人监督。不忘初心，方得始终。拖延者最要命的缺点就是不自律，所以“他律”也很重要。当你又拿起手机想要将任务放一放时，突然有人大喝一声：“你忘记你下的决心了吗？”此时，你立即清醒，把伸向手机的手缩了回来。

（3）庄严宣誓，事必达成。古时候，将领出征时都要宣誓，这不仅仅是一种仪式，更是为了鼓舞士气、坚定决心。所以，如果你的意志不够坚定，那么庄严宣誓会让你在想要放弃的时候，提醒自己“别打脸”。

（4）破釜沉舟，切断逃路。“大不了我就……”很多时候，事情做不成都是因为你“逃跑”的路线太多了。树立坚定的决心就像破釜沉舟，切断自己的后路，“置之死地而后生”是逼迫自己向前的法宝！

（5）想方设法，竭尽全力。“理想很丰满，现实很骨感”，说起来容易，做起来却不断碰壁。光靠“打鸡血”是不够的，你必须不断学习，并不遗余力地寻求各种方法解决问题。否则，决心最终会成为空谈。

所以，你的决心够坚定吗？

要改变，先接纳

我们说要接纳自己的一切，其实，更确切地说，应该是接纳自己不完美的部分。所以，“接纳”一词听起来很美好，做起来却很难。比如说，你可以接受自己富有、漂亮、苗条、上进、睿智，但要从内心深处接受自己贫穷、丑陋、臃肿、颓废、蠢笨，就太困难了。

拖延者，特别是想要改变拖延的拖延者，往往都对自己的拖延深恶痛绝，同时也常常对自己感到失望、愤怒。所以，要先接纳自己的拖延也不是容易的事，我们必须认识到拖延本身对于我们的意义。

拖延，其实是我们内心的消极抵抗，它在以“不去做”提示我们，在我们的潜意识里有未被满足的需求。所以，我们也可以把它看作在向我们传递某种信号。这样，我们就不会对拖延产生太多的负面情绪了，而是能够客观地看见它并理解它，将事件与自我分开，从而减轻自我攻击与焦虑。

如果一味地沉浸在负面情绪之中，非但不能帮助解决问题，还会带来新的麻烦。

苗苗毕业后到一家公司做策划专员，顺利通过试用期后，领导让她一周后提交一份活动策划案。接到任务后，她暗下决心：“第一次独立做方案，必须一鸣惊人！”于是她开始查行业案例、翻专业书籍，电脑上存了十几个参考文档，却始终不敢动笔写第一行字。脑子里反复盘旋着：“我没有太多的工作经验能有什么好点子？”“万一策划案的开头不够吸引人怎么办？”“如果创意被否定了，大家会不会觉得我很差劲？”

拖到第四天，文档依然空白。她整夜失眠，凌晨三点还在微信朋友圈发：“我大概根本不适合做这行。”第二天，组长察觉到苗苗的异常，把她叫到会议室：“你这两个月旁听会议时提的点子都很落地，为什么这次不敢写了？”苗苗支吾着说怕方案不完美，组长笑了：“我第一次写的方案也被客户骂过，你要不要看看？”

当天，苗苗咬牙在文档顶端打下一行字：“允许自己先写出最烂的初稿。”她边写边鼓励自己：“烂没关系，写完再改就行。”结果当天下班前居然完成了大纲，虽然逻辑粗糙，但其中一个互动创意被组长圈出来夸“有灵气”。后来她养成习惯，每次接到任务先对自己说：“完成比完美重要。”半年后她偶然发现，那些曾被自己嫌弃“不完美”的初稿，修改后反而比绞尽脑汁“憋大招”的方案通过率更高。

心理学家荣格曾说：“对于普通人来说，一生最重要的功课就是学会接纳自己。”

我们总是不愿接纳自己的不完美，不愿承认自己的缺点。但人终其一生，想要改变自己，就必须从接纳自己的不完美开始。

同样的道理，拖延者也一定要接受自己就是一个存在拖延问题的人，只有承认它的存在，才能找到战胜它的方法。

拖延轨迹

接纳“二连击”

我们强调“要改变，先接纳”，那么我们到底要接纳什么呢？为了能够更好地接纳拖延，你还需要追问并回答两个问题。

（1）在你做的事情当中，哪些事情被拖延了？你当时心里是怎样的念头？无论是什么，都承认并接纳它们。

（2）如果你没能积极地去处理应该处理的事情，先承认自己拖延了，并问自己“我为什么拖延”，找到真正的原因（注意，不是借口），并对症下药，看看自己是能力不足，注意力不集中，优柔寡断，时间安排不当，还是懒惰？不要不敢承认，这是进步的第一环。

再次体会拖延的苦

所有的拖延者都很清楚，其实自己并不能从拖延中找到更多的、更长久的快乐。相反，临近截止时间的焦虑和承担后果时的痛苦，以及事后的自责和悔恨都让人崩溃。也正因为如此，拖延者才会下定决心要改过。

苏妍从小就喜欢画画，一直到参加工作，她始终没有放下这个爱好。她特别想出版一本自己的画册。为此，她给一些出版社画过插画，但终究没能出版自己的画册。

（内心独白：真希望自己是个成功的人啊！）

后来机会来了，一位出版社的编辑找到苏妍，说她的画风很符合出版社的要求，希望能够合作，时间是三个月，需要画六十页左右。机会从天而降，苏妍激动万分，她发誓要高质量、高效率地完成任务，绝不会有任何延误。

（内心独白：我要重新做人。）

但是苏妍根本没有想到，接下来自己完全没有按照预期的做。她算了算时间，九十天，六十页，每天一页都不到，太简单了。于是，她觉得不用着急画，反正最近工作也比较累，还可以趁机多积累一些素材。

（内心独白：来得及，有大把的时间呢，而且我可不是拖延，我是有正当理由的。）

不知不觉，一个月的时间过去了。苏妍终于在下班后打开了电脑，信心满满地要开始自己的创作。然而，她一时间又不知道从何开始。于是，她打开网页，试图从网上找到一些灵感。不料，苏妍看着看着就走神了，直到半夜才醒过神来。可是，太晚了，睡觉吧。

（内心独白：哎呀，我怎么这么没有意志力啊，第一天就没完成任务！）

又一个月过后，截稿日期已到。看着编辑发来的信息，苏妍紧张得连汗毛都竖了起来。她知道是催稿的。

（内心独白：我该怎么说呢？就说我病了？唉，人家能信吗？求她再给我几天？可是，几天也完不成啊！我真是不争气！早干吗去了?!）

苏妍颤抖着手点开编辑的信息：苏老师，画册完成得怎么样了？这边要开始下一个流程了哟！

苏妍盯着屏幕好半天才打出几个字：不好意思啊，还没有完成，能宽限几天吗？

“最多一周哟，苏老师，您知道画册也是有最佳出版时机的。”编辑还是宽限了几天。

（内心独白：拼命吧，别管质量了，先交上去再说吧。）

这一周的时间里，苏妍晚上几乎没合过眼，夜以继日地赶工，图画得不成样子，连她自己都不满意。她还向公司请了两天假来画这本图册，但终于还是没有完成。一周之后，苏妍只完成了不到四十页。

“抱歉呢，苏老师，实在是没办法。为了保证画册的质量，原本给您的时间就已经向后拖到极限了，现在又延误了一周，如果再拖延下去，我也没法向上面交代呢……”编辑抱歉又诚恳地说。

苏妍一下子瘫软在椅子上，狠狠地给了自己一巴掌。

（内心独白：我真是个蠢货！怎么就不长记性呢？）

现在怎么样？代入案例中的苏妍，是不是又重温了一下自己经历过的那些感受？焦虑、恐慌、挣扎、悔恨……相比“拖延一时爽”，因拖延而产生的这些可怕的情绪是不是压倒性地占了上风呢？在心灵煎熬和任务失败的双重夹击下，想要改变拖延的决心更坚定了吧？

拖延轨迹

回顾那些拖延惹的祸

为了再次感受到拖延带来的“切肤之痛”，现在把拖延惹的祸都记录下来吧。

事件1：________________ 结果：________________

事件2：________________ 结果：________________

事件3：________________ 结果：________________

事件4：________________ 结果：________________

事件5：________________ 结果：________________

一口吃不成胖子，一天戒不掉拖延

没错，一口吃不成胖子，身上的每一块赘肉都是日积月累的结果。所以，一天也瘦不成你想要的样子。同样的道理，想要戒掉已经印在大脑深处的拖延，也不是一朝一夕的事情，没有长期的坚持，最终还是会反复发作。

拖延者都经历过，在每次任务到手之时，自己都曾赌咒发誓地要好好干。但是，决心常常保持不了一天。稍有风吹草动，甚至无须风吹草动，自己的神经就会不由自主地松懈下来，给自己找各种理由放下手里的事情，先去享受一下再说。

但是，既然我们决心要改正，为什么我们的大脑又控制不了自己呢？这要从拖延这个毛病是如何养成的开始说起。

正所谓“冰冻三尺，非一日之寒”，拖延的养成和强化也并非一两日完成的，而是经过了一个让脑回路习惯的过程。

第一步，植入大脑。当你的面前出现一个特定的任务，由于某种原因，你对这个任务产生了不愉快的情感。比如任务有难度，你感到“压力山大”。于是，你决定先看一会儿手机，或者吃一袋油炸薯片、喝一杯奶茶。虽然可能是偶然的一次，但这个触发事件将“先干点儿别的”

的念头植入了你的大脑中。

第二步，慢慢习惯。之后，当你再次遇到类似的事情时，你的大脑就会调出档案，并告诉你：“你当然应该先吃点儿薯片，或者看一会儿手机，或者先干点儿别的。”于是，你进一步沉沦。

第三步，奖励刺激。该阶段是养成拖延习惯的关键阶段。我们的大脑支配行为的最底层的逻辑就是“对我有好处”，尽管看手机、吃薯片等行为本身对你自身和完成任务并不是明智之举，但是它在那时让你的大脑感到了满足。

至此，在完成任务之前，大脑就会总是想要先满足一下，并用这个意愿指挥你放下手里的事情，先去做那些让大脑感到快乐的事情。

一旦你在大脑的指挥下，重复这个行为达到一定的数量，大脑回路就会发生一定的改变，使拖延变成自然而然的下意识行为。所以，拖延者如果仔细回想一下自己的拖延经历就会发现：你在拖延的时候根本就没有意识到，这是因为你的大脑根本就不会质疑这个行为。所以，当你坐在办公桌前，或者拿出课本想要学习时，会不自觉地拿起手机，或者打开网页，或者你根本无须感受到你要做的事情是否给你造成了压力，就已经“刺啦”一声撕开薯片包装袋，津津有味地吃起来了。

当然，把拖延变成一个下意识的动作，不是短时间内就可以完成的。这也是为什么你不给自己足够的时间，就很难真正改变这个习惯的原因。

王晋因为拖延被上一家公司辞退后，经过三个多月才找到了现在的工作。因此，他下定决心做任何事都不再拖延。为了能够更好地克服自己拖延的毛病，他学习了很多相关的知识，并给自己制订了一系列计划和行为准则，从上班的第一天起就开始认真执行。

皇天不负有心人。王晋在新公司的第一个月的确做得不错，也很受主管的器重。所以，从第二个月起，主管就开始让他接手一些有难度的工作。面对着越来越重要的工作，王晋一边感到开心，一边也感到了巨大的压力。

重压之下，王晋脑海里总是不知不觉地出现在茶水间躲懒、蹲在厕所看手机等画面。有一次，他甚至不知不觉地拿起手机站了起来，幸运的是，领导刚好叫他有事，让他躲过了一次拖延。事后，王晋暗自庆幸：还好，还好，不然又要重走老路了。

不得不说，像王晋这样有毅力、有决心的人实属难得，很多人都在与拖延对抗的路上早早地缴械投降了。

所以，如果你想要完完全全地改变拖延的习惯，就需要做好它可能会随时向你发起攻击的准备。即使你花了很大的精力来改变拖延，也有可能收效甚微。但你仍然需要坚定信念，你要知道，心瘾对所有人来说都是巨大的挑战，当我们弄明白了其中的原理，总能找到科学的方法来改正它。一天一天地坚持下去，我们还是可以变得做事爽利的。

拖延轨迹

假如失败了

在改变拖延的路上，你很可能会遭遇失败。就像上面说的，心瘾对所有人来说都是巨大的挑战，怎么可能那么容易就被战胜呢？一旦拖延再次占据上风，该怎么办呢？第一重要的，当然是保持信念。但第二重要的，也许能更切实地帮助到你，那就是在行动与调节之间不断往复循环。

（1）行动。就是你针对改变拖延采取的措施，这是战胜拖延的第一步。只要行动起来，一切就都有可能。可能效果不尽如人意，这时，你就需要调节它。

（2）调节。就是把你的认知整合起来，把你的行动、行动结果、情绪与观念变化等全部拿出来，找到失败的原因。然后，再回到“1”，继续行动。

如此循环往复，一点一点地改变，改变拖延的道路就会越走越顺。

粉碎你的抗拒心理

也许你还没有感觉到，但是大多数拖延者都是有抗拒心理的。抗拒就像是一个蓄势待发的能量场，是一种负面的排斥力，时刻准备着帮你对抗身边的一切。它可以毫不费力地转移你的注意力，阻止你去做任何事情。

于是，你拖延了。

所以，如果你想要与过去的自己彻底决裂，并开始一种全新的生活，首先要做的就是粉碎你的抗拒心理。但事实是，当你准备开始行动时，你的内心和身体还是会像以前一样联合起来反抗你，它们努力阻止你发生改变，并试图将你打倒，直至你回到什么都不做的状态。

仔细想一想，有多少次你已经想要做出改变，甚至已经着手准备成为另一个自己，但最终还是以失败告终呢？或者有时候，你是不是已经迈出了第一步，却突然莫名其妙地中断了，之后就又回到了拖延状态？

这并不全是什么意外，而是你的抗拒心理在使坏。它就像你大脑中的间谍，无时无刻不在悄悄培养你更低级、更懒惰的那部分心态，又无时无刻不在巧言令色地阻止你进行改变。在抗拒心理的支配下，你会花费大量的时间来拒绝做事，你的生活越来越糟。它让美好看起来遥不可及，让你的一切努力看起来毫无用处。

它会不停地和你对话，以“算了吧”开头，配上各种“有理有据”的论证，直到你彻底放弃。

“算了吧，你又不做运动员，锻炼再多有什么用呢！”

“算了吧，输在起跑线上总比输在终点好，省得一顿跑。”

“算了吧，你哪里有时间去做啊！”

“算了吧，减什么肥呀，在唐代你就是美人。”

“算了吧，把自己搞那么累干吗？也该休息一会儿了。”

抗拒心理就像一个诡辩家，又像一个巫婆，它能歪曲事实、隐藏信息，并将那些对你真正有益的想法从你的大脑中删除，让你像被催眠一样无意识地跟着它的节奏行动。现在，你该清楚自己的对手是什么了吧！

但无论如何，你需要记住一句话：只要思想不滑坡，方法总比困难多。抗拒心理也并非无懈可击，在真正的勇士面前，它不过是一只只会虚张声势的纸老虎。一旦你立志觉醒，一旦你对自己是谁有了更清醒的认识，知道自己的内心真正追求的东西，你就可以在“抗拒”这个魔爪刚伸出来时迅速砍断它。

首先，要理解抗拒心理的根源。抗拒的原因多是担心自己做得不够好，或者是与自己的风格不匹配，等等。找到根源，就可以更好地寻找策略。

然后，明确自己的目标。只有坚定清晰地了解自己的目标和意图，才能激发对成功的渴望，从而减少抗拒心理。

最后，逐步挑战。不要想着一下就可以将抗拒心理击得粉碎，你需要尝试逐步走出舒适区，逐步挑战自我，逐渐增加难度，直到做起事来变得十分顺利。或者你也可以为成功创造一些条件，增加成功的体验，从而一点一点地增强自信心和动力。

假如你这样做了，但并没有成功，怎么办呢？要学会鼓励自己："我一定可以！我不相信你可以战胜我一百次！"而不是将责任归咎于自己，想着"我真没用""我根本就不是这块料""我的意志力本来就很差"，否则抗拒心理会迅速占据优势，你将再度陷入对改变的抗拒之中。

拖延轨迹

认识抗拒心理的真面目

抗拒心理从来不会大张旗鼓地告诉你它来了，它总是披着一身保护色。来看看你的身上有没有抗拒心理的表现。

（1）自我否定，自我怀疑。

（2）被一些毫无意义的娱乐夺取注意力。

（3）喜欢做一些没有什么意义的工作。

（4）萎靡不振，毫不在乎，压抑郁闷。

（5）对很多对成长没有帮助的事情成瘾。

（6）这件事还没做好就开始下一件事，但大多数半途而废。

所以，如果想要改变自己，一定要警惕这些抗拒心理的外在表现，早发现，早剔除。

主动发射积极信号

一旦拥有了积极的心态，你就会拥有足够的力量去改变你的命运，把握你人生的方向。

主动发射积极信号，其实就是强化自己战胜拖延的信念，是一种精神力量。心理学家巴甫洛夫认为，积极暗示是人类最简单、最典型的，能够让人向利好方向行动的条件反射。所以，在克服拖延的过程中，我们一定不要小觑它的作用。

古代有位将军在率兵打仗之前，总会在全体将士面前进行一次占卜。因为占卜的结果预示着这一次战神是否会保佑他们得胜。全体将士都紧张地屏住呼吸，当将军郑重地抽出卜签时，大家清清楚楚地看到“必胜”二字。

果然，信心满满的将士在将军的指挥下所向披靡，取得了一个又一个胜利。在庆功会上，将士都说：“我们应该敬保佑我们得胜的战神一杯！”

听了将士们的话，将军微笑着说：“等一下，我有话要说。”只见他缓缓拿出所有的卜签，一一摆在大家面前。将士们这才发现，所有的签上都写着“必胜”。众将士惊呆了。将军大声说：“勇敢的将士们，你们才是真正的战神！让我们为每一个怀揣着必胜信念的将士干杯吧！”

这就是积极的心理暗示给人带来的意想不到的结果。类似的事情，在现代职场上也不断上演。

一个计算机专业的毕业生在工作了几年后，想在互联网领域闯出一番天地。但事情并非想象中那么容易，因为他对互联网并不熟悉，没基础，没技术，没收入，没资源，一切都要从零开始，一切都要靠自己摸索。但他始终坚信：别人能行，我也不差。

每当他感到毫无希望，想要颓废、放弃的时候，就会抬头看看墙上的一幅字：努力不一定成功，但放弃一定会失败。他不断地对自己说：“要继续努力，你可以成功。”

在“失败—自我暗示—再失败—再自我暗示”的反复中，他终于让自己的网站开始盈利，并不断壮大起来。

有人说：“一切的成就，一切的财富，都始于一个意念。”没错，这个意念就是积极的心态。一位运动员在获得奥运会金牌后说：“奥林匹克竞赛对运动员来说，20%是身体的竞争，80%是心理的挑战。”

人是情绪化的动物，我们一生的行动几乎都受到情绪的影响。因此，在克服拖延的道路上，也不妨多发射一些积极信号，来增添自己战胜拖延的勇气和信心。

为此，你可以从下面几点做起。

（1）向自己发射积极信号。暗示自己：“我可以，我行，我有信心！”要知道，在与拖延的对抗中，最重要的因素就是自己。不要给自己贴上“我本来就很懒”“我做不到”“我不是那种事业型的人”等负面标签，那样只会让自己在拖延面前束手就擒。

（2）学会忽视负面信息。事实上，我们之所以拖延，就是因为我们接收到了过多的负面信息，导致恐惧、焦虑，并对任务产生抗拒。因此，学会忽视生活中的负面信息，也有助于我们建立积极的生活和做事态度。

（3）归因为可改变因素。当我们拖延的时候，或者在与拖延的对抗中失败的时候，要学会把失败归咎于可改变的因素，比如“时间没有把控好”“需要找个人监督”等，这样才能找到问题的解决办法。如果归咎于不可改变因素，那么，最终大概率会自暴自弃。

当你自身接收到的积极信号越来越多，人就会变得越来越积极，你的生活和工作（不仅仅是在拖延这件事上）都会发生翻天覆地的变化。

拖延轨迹

建立自己的“积极信号塔”

经常向外界发射积极信号，既是一种对自我的激励，也是一种对自己或者外界的承诺。当我们把积极信号发出去之后，就会在潜意识里产生一种“不能违背诺言”的使命感。所以，如果你的“信号塔”能够多积累一些积极信号，随时可以发射，那么，无论做什么事，你都可以积极行动起来。

最常用的积极信号如下：

* 今天一定是快乐的一天。

* 我可以做到。

* 认真打理自己。

* 与朋友分享目标。

* 做得好要奖励自己。

* 多做运动。

* 避免消极词汇，学会将否定句和疑问句换成肯定句。

…………

也可以把自己生活里那些有用的积极信号记下来，慢慢积累，以便在需要的时候能够随时调用。

★______________________________

★______________________________

这些看似微不足道的改变，常常会不知不觉地影响我们的精神风貌，在潜移默化中改变我们对世界的看法，一点一滴地为我们赋能，让我们的行动越来越积极，从而让拖延无处遁形。

05

积微致著，让一切行动细微化

我国古代哲学家老子说：“合抱之木，生于毫末；九层之台，起于累土；千里之行，始于足下。”所以，要想战胜拖延，首先要解决小事上的拖延问题。

先来定个小目标

为什么要定一个小目标呢？是觉得自己的能力不够吗？这是一种负面心理吗？

为什么不定一个大目标呢？那样不是会更有动力吗？那样不是显得厉害吗？

要想实现远大的目标，必须脚踏实地，一步一个脚印，逐步积累经验，提升能力，才能最终实现大目标。

相反，如果一开始目标定得过大，无疑会增加难度。这对于拖延者来说是致命的打击，因为大多数的拖延行为都是源于对目标无法完成的恐惧或焦虑，从而选择以拖延的方式来暂时缓解负面情绪。举个简单的例子，我们对一个小学生说“你每天的目标是背诵10个单词”，他可能很愿意去完成；但如果我们给他定的目标是“每天记住100个单词”，那么，他很可能会拖着不去做，因为这对他来说太难了。

心理学家乔纳森·海特在他的《象与骑象人》中的一个观点可以概括为：人类的情感就像一头大象，而理智则是骑象人。纵然骑象人手握缰绳，像一个高高在上的领导者，却不能时刻让大象顺从自己。

也许理智层面上，你知道自己的目标是什么，但如何调动自己的情绪去实现它呢？没错，那些容易实现的小目标就是激励你不断走下去的情绪调动器。

毕竟在小目标面前，我们总是充满自信的，因此也就更愿意行动起来。而且，小目标能够给予我们即时反馈（立刻的回报）。这两点都是符合我们的心理规律的。

事实上，我们发现，大多数拖延者并非醉生梦死，没有追求的“躺平”人。相反，他们是败在目标太大，导致自己不堪重负，难以付诸行动。

总之，目标定得小一点儿，我们的行动力就强一些，距离实现我们的大目标也就更近一些。

拖延轨迹

用拆分法获取你的小目标

来看一则小寓言。

在钟表店里，有两只旧钟表正“嘀嗒，嘀嗒”地走着，一只新组装的小钟被放在了它们中间。

“来吧，孩子，开启你的新一年。走完这近三千两百万步，你就超出一岁了。”其中一只旧钟表说道。

“什么？看来，我可能活不到一岁了。”小钟表沮丧地说。

另一只旧钟表说：“别怕，孩子，其实，你只要每秒钟‘嘀嗒’摆一下就好了。”

"'嘀嗒'摆一下？那很简单，我试试看。"小钟表说。

就这样，小钟表每秒钟都快快乐乐地"'嘀嗒'摆一下"，现在它已经一岁半了。

所以，如果你的目标有点儿大也没关系，把它拆分成若干个小目标，逐个击破，成功的喜悦会牵引着你毫不犹豫地一直走下去。

“一分钟规则”

在各种克服拖延症的方法中，有一个极为简单，但有奇效的“一分钟规则”。

方法其实非常简单，就是无论什么事情，只要能够在一分钟之内完成，就一定要立刻去做，绝不拖延。

当然，也有人把它说成“三分钟规则”或“五分钟规则”，但我们先不要好高骛远，从“一分钟”开始，这对于那些有严重拖延问题的人来说已经不容易了。就像上一节我们谈到的，先从小目标开始，等小目标完成了，你自然会向着大目标迈进，到时候也许“一小时规则”也是适用的。

我们为什么强调“一分钟”而不是更长的时间呢？这是因为，对绝大多数拖延者来说，拖延的绝大多数事情都是小事，有时候我们觉得它们不那么重要，因此想着有时间再做，结果小事情越来越多，人也逐渐养成了拖延的坏习惯。

比如，你想打个电话，回个信息，复印点儿东西，还信用卡……都是一下子就能做完的事，那么就要立刻去做。直接把这些事情解决掉，你就会发现好像没有那么多拖延的事情。

小凡是一名全职家庭主妇，她每天的事情就是做家务，可她总是被自己的父母嫌弃家里太乱。由于孩子已经住校，家务的确算不上很多，而且每个周末她都会专门拿出半天的时间来给家里做个大扫除。可是为什么家里还是乱糟糟的呢？小凡有点儿不解。

一个偶然的机会，小凡看到一档电视节目中说："如果一个家总是乱乱的，那就说明这个家里一定有一个人有拖延的毛病。"节目中还推荐了"一分钟规则"。小凡想了想自己的生活习惯，感觉有道理。比如，她总是在做饭的时候想着，吃完饭就立刻把碗刷了，但是每次吃完饭她就不想动了，然后把餐具都堆到洗碗池里。

于是，小凡决定用十天时间来试试这个"一分钟规则"，看看效果如何。比如，不管拿出什么东西，用完后立即物归原位；吃完每顿饭后，餐具立即就洗好；切完菜的菜板和菜刀不等吃完饭，用完就收拾；厨房台面、洗手台、桌面上的污渍，见到就擦；收拾完屋子，立刻去扔垃圾；屋里有脏衣服，立刻放进洗衣机；从外面回家，立刻把鞋子摆正，把包包挂起来；手机有信息或电话，立刻处理；如果花儿需要浇水，绝不拖延……

这样持续了一周后，小凡发现自己每天至少减少了半小时瘫在沙发上刷手机的时间，而且到了周末，原本就很整洁的家并不需要额外拿出时间来收拾。

当然，在这一周里，小凡没有拖延的事情也并不全是一分钟内就能做完的，比如，去楼下扔垃圾可能需要三五分钟，把晾好的衣服收起来需要五六分钟，但因为"一分钟规则"给她的感觉是"小事就立刻做"，所以很多随手就能做的事也就跟着都做了。这样一来，家里就不再是乱糟糟的局面了。

我们应该承认的是，小凡是一个拖延并不十分严重的人，所以她很快就进入了状态，并取得了成功。而对于那些拖延相对比较严重的人来说，未必能够做到每次遇到一分钟能解决的事情都立刻去解决。但不管怎样，坚持一段时间，哪怕第一天你只完成了一两件“一分钟小事”，那也意味着第二天你能够做更多的“一分钟小事”，坚持下去，一切就会好起来。

拖延轨迹

盘点你的“一分钟小事”

对喜欢拖延的人来说，所有的事情都是很麻烦的。但事实并非如此。为了能够让自己清楚，究竟哪些事可以在很短的时间内完成，或者究竟哪些事可以叫作“一分钟小事”，请亲自把它们列出来。这样做的目的，一是可以让自己清楚哪些事并不会耗费你什么精力，二是可以起到宣誓的作用，就像将士们出征前大声喊出口号一样。所以，看一看除了上面我们提到的事情，你有哪些“一分钟小事”可以毫不拖延地随手完成。

* 冥想。冥想一分钟，可以帮助你提高专注力和减轻压力。

* 快速阅读。一分钟我们可以阅读几百个字，所以你可以快速了解一篇报道的内容。

* 学一个新单词。如果你坚持每天学习一个新单词，一段时间

后会有意想不到的收获。

* 做简单的锻炼。在一分钟内可以做几个简单的锻炼动作，缓解一下工作的疲劳。

* 整理办公桌。一分钟的时间完全可以把办公桌整理一下。

* 快速整理床铺。简单地把被子叠好、枕头放好、床单拉平，一分钟内绝对可以完成。

除此，你还有哪些你想要做的“一分钟小事”呢？都列出来吧。

* ____________________

* ____________________

勿以“懒”小而为之

有一句我们都耳熟能详的话：“勿以恶小而为之，勿以善小而不为。”它告诫人们，不要因为坏事小就去做，也不要因为善事小就不去做。因为事情只分好坏，不分大小。坏事再小也是坏事，也可能引发更大的风险和后果；好事再小也是好事，一样能够给他人带来帮助。

对于拖延者来说也是一样。

拖延在很多时候都是因为“懒”，懒得去想，懒得去做。而且拖延者最初拖延的，往往都是小事。比如，你原本计划在周末把鞋子刷一刷，但是周末你外出郊游，晚上八点才到家，糊弄地吃了饭，就躺在沙发上看电视。虽然一下子想起了鞋子没刷，却继续躺在沙发上一动不动，你心想：“其实也不算很脏，下周再刷吧。”

正所谓“一屋不扫，何以扫天下”，连小事都做不到立刻行动，还能指望自己毫不拖延地去执行那些有压力、有困难的事吗？

小杰初入职场，面对身份与环境的转变感到应接不暇，工作繁多却鲜有成就感。一个月后，他逐渐熟悉环境，开始尝试减少工作量，把领导交代的浇花、整理宣传资料等小事往后推，以忙于“重要事务”为由进行搪塞。这一策略起初奏效，小杰的工作量减了不少，他对此颇为自得。

然而，随着时间推移，小杰拖延之事越来越多，甚至波及重要工作，导致经理认为其工作态度消极。第三个月，小杰被人力资源部门约谈，面临合同解除的困境，他这才悔不当初，意识到自己已养成事事拖延的恶习。

后来，小杰在新的工作岗位时时提醒自己：不要觉得别人看不见，你就可以偷懒，偷懒是会上瘾的，慢慢地你会越来越懒惰，最终会被淘汰。

很多拖延者之所以不知不觉地成为拖延者，正是因为忽视了小事，以为拖延小事不是事，只要自己在大事上不拖延就不会有问题。但现实的情况是，拖延也是会上瘾的，就像案例中的小杰一样。

所以，要想改掉拖延的习惯，也要从小事开始，坚守细节，并在日常生活和工作中不断强化，哪怕是再小的事，只要是应该做的，就一定要把拖延的念头遏制住。

拖延轨迹

重温经典，自我反思

小时候，我们都学过一个成语：千里之堤，溃于蚁穴。语出《韩非子·喻老》，原文记载："千丈之堤，以蝼蚁之穴溃；百尺之室，以突隙之烟焚。"

故事是这样的：

战国时期，白圭善修堤筑坝，水利经验丰富，因此被魏王派去专管治水。

那时，黄河每到雨季就会洪水泛滥，距离黄河不远的魏国都城大梁城也常常受到威胁。负责水利的白圭和手下工匠在城外修筑了高高的河堤和拦水坝。他派出可靠的手下每日在堤坝巡查，只要见了蚂蚁的洞穴就立即清除掉，并且宣布，对于玩忽职守的人要重罚。

很多人觉得白圭有点儿小题大做：“这么长的堤坝，几只蚂蚁有什么好怕的呢？为什么非要立刻清理呢？过一段时间清理一次也可以的呀！”白圭严肃地回答说：“千里长堤，要想固若金汤，就不能有一丝的松动和缝隙。那些小小的蚁穴，看起来微不足道，但蚂蚁一旦繁殖起来，蚁穴聚少成多，必然会使长堤崩溃。为了防患于未然，我们绝不能忽视小小的蚁穴，必须见一个清除一个。”

韩非子听说后，不禁赞叹道：“白圭巡视长堤，清除蚁穴，真是防微杜渐。就像很多有经验的老人会在做完饭后把炉灶封好，并且要检查烟囱里是否有残留的火星，以防火灾一样。所以白圭治下没有水灾，有经验的老人家里不会遭遇火灾。”

也许这个小故事你早已烂熟于胸，上学时甚至总结过文章大意、中心思想，可是现在再读、再思考，会不会有更深切的体会呢？

进度需要密切跟踪

对职场人来说，“进度”一词再熟悉不过了。它通常与“项目”联系在一起，也许你听得最多的是领导对你说“这个项目要及时跟进”。为什么要“跟进”呢？因为项目体系中，任何一个环节出了问题，都会导致整个项目受损。

从心理学的角度来说，人之所以愿意不断地去行动，是因为总能得到事情的反馈，也就是能知道“这件事我到底做得怎么样”。无论得到的反馈是“挺好的”，还是“不怎么样”，你都会再次对此做出反馈，也就是行动。

所以，为了不拖延事情，我们需要设定一个尽可能清晰的任务节点以及需要达到的标准，并对每个阶段的进展进行密切跟踪。发现在某个时间点你该做什么了，以及上一件事完成得不错或者还不够好，都是一次反馈，你会自发地采取相应的措施进行调整，并及时进行下一事项。坚持一段时间，就会形成按时做事的习惯。

郭达虽然才毕业没几年，却已经是当地一家小有名气的公司的老板了。不过，他能有现在的成绩绝不是靠运气，而是靠他自己的才智和“今日事，今日毕”的好习惯。

有一次，公司需要制作一个宣传视频，时间紧，任务重，好几个同事都抱怨说这是一项不可能完成的任务，只有郭达说：“先别发愁嘛，我们好好规划一下。”

于是，在郭达的带领下，大家给策划、拍摄、后期制作等环节都设定了非常详细的时间节点。之后，大家一起加班加点，尽量保证在各个节点内完成工作。为了跟进进度，郭达甚至会用闹铃提醒自己在什么时间关注那些小任务的完成情况，以便做出进一步的调整。即便有些事项无法按照预期的那样在某个时间点完成，为了不耽误整个任务的完成，他们也会严格按照计划，通过多加一会儿班保证当天的任务一定在当天完成，不让任务一天一天向后压。

就这样，郭达和其他团队成员经过一周的努力，终于把宣传视频制作得无可挑剔，并按时给商业合作伙伴成功地展示出来。他的公司也因此收获了很多公司的青睐，不仅业务数量越来越多，业务范围也越来越广。

其实，不仅工作上是这样，生活中也一样可以采取跟进法。比如，你完全可以为自己每天的生活安排好起床时间、吃饭时间、读书时间等。要做到这一点其实很简单，难的是如何持续地关注自己的行为是否完成得很好。

那么，拖延者在日常的工作和生活中，如何才能有效地对自己的“项目”进行跟进呢？

首先，拖延者需要对自己的日常生活或者工作有一个明确的计划，也就是把每天要做的事情分解为可执行的子任务，给每一个子任务确定好完成时间，并设置阶段性目标。

其次，要建立一个可见的进度跟踪机制，比如记录、向其他人汇报等。这个方法常常被人说成是“小学生式”的工作机制，但不可否认的是，对拖延者而言，这样做可以起到很好的自我监督的效果。

此外，在密切跟踪进度的同时，还需要根据具体情况做出及时、恰当的调整。这样做的目的是避免最初的任务、时间设置不当而导致多数事项都无法完成，最终使拖延者丧失信心，甚至彻底“摆烂”。

拖延轨迹

谁来跟踪进度

换句话说，拖延者本身可能很难做到及时去做跟踪进度这件事。在跟踪进度之前，拖延者很可能已经遇到了麻烦，比如身体不适、临时有事，甚至有一些时候正专注于手上的事，结果跟踪进度也成了一件被拖延的事。一旦跟踪被停下一次，就很难坚持下去了。

怎么办呢？唯一的办法就是提醒。

你可以设置各种提醒方式，比如便签、闹钟、记事本等，或者采用更适合自己的其他方式，如请人监督。总之，要时刻记得提醒自己，“我的流程，我来维护”，并不断地与各种障碍说“不”。当你真正地跨越了这个阶段，完全可以做到自主跟踪进度的时候，不仅工作和生活的流程会更顺利，你也能养成不拖延的好习惯。

目标越清晰，行动越有力

在开始这个话题之前，我们先来做一个对比。

明天开始我要锻炼身体VS明天下班去×××健身房咨询健身方法。

以后工作要更认真一些VS以后每个要提交的文件都再重审一遍。

我要成为身材苗条的妈妈VS为了管理身材，我的饮食结构要调整为×××。

下班后要再多学习一些知识VS下班后每天背10个英语单词、读半小时书。

…………

对比前后两种目标，我们就知道后面的目标比前面的目标更容易被执行。这就很容易理解那些让我们自己都失望的行为是怎么来的了。比如，你计划第二天要早起锻炼，然而醒来后还是一如既往地拿起手机看微信朋友圈、刷短视频。半小时过去了，人依旧躺在床上，全身唯一动起来的地方就是手指头。直到感到无聊，终于漫不经心地坐起来时，你早已精神萎靡，没有了锻炼的心思了。

行动力不足背后的真正原因就是目标模糊。因为没有清晰的选择，就会变得无从选择。你大致计划了学习、锻炼，但并没有确定要读哪本书、读多少页，没有确定去哪里跑、跑多远、跑多长时间……一切只知道个大概，人的行动意愿就会变得不那么强烈。可以说，行动力的天敌就是多项选择，这会在潜意识里造成费心又费力的恐慌，从而很容易让人选择放弃。我们的大脑就是这样，只有让它处在确定而又单一的状态下，它才能够专心地、毫不犹豫地发出指令。

所以，当你有了某种计划，又不希望计划被无休止地拖延下去时，一定要清晰地规划自己要做的具体的事情，把目标细化、具体化，越细，越具体，越好。

可能有些人会认为，过于精细会让计划显得僵硬，人也会变得死板。其实，大可不必担心。因为人类天生具有变通的能力，当一件事情实在行不通的时候，我们通常不会死扛到底，肯定会有一些特殊时刻不按照计划实行。我们把计划做得明确清晰，是为了让自己心中有数，清楚我们究竟有哪些事情要做。当这些计划印刻在大脑中时，就可以让我们在处理完其他事情之后，及时地把自己拉回到计划中来，而不是在茫然或者纠结中选择继续沉迷于游戏或视频……

一位心理学家的实验更直观地揭示了这个道理。

心理学家将实验人员分为3组，让他们分别向着10千米以外的3个村庄出发。

第一组人什么信息都没有得到，他们既不知道村庄的名字，也不知道究竟有多远，只是被要求跟着向导走。然而，不过走了两三千米，就有人开始抱怨；又走了一段路后，更多的人产生了负面情绪，开始抱怨路太远、太累，不停地向向导发牢骚；越往后，他们的情绪就越低落，最后有人干脆不走了。

第二组人知道村庄的名字，也知道有多远的路要走，只是途中没有里程碑，一切只能凭经验估算。行程即将过半时，很多人开始相互询问，想知道到底还有多远。比较有经验的人说："路程已经过半了。"于是，大家似乎有了盼头，又簇拥着继续向前。当走到全程的四分之三的时候，大家都觉得疲惫不堪，有人开始发牢骚："怎么还不到？"但是，听到有人说"马上就到了"时，大家又振作起来，继续前进。

第三组人目标最清晰，他们不仅知道村庄的名字、距离，而且路上每隔1千米就有1块里程碑，人们走边边看里程碑，一路上欢声笑语不断。他们说着"快了，还剩5千米""还剩3千米""最后1千米了"，很快就到达了目的地。

所以说，目标越清晰，行动越有力。目标清晰了，就像寻宝的人手里有了地图，不管中途会经历什么，但至少此时此刻，他们愿意出发。对于拖延者来说，愿意出发就已经是一种胜利了。

拖延轨迹

干什么，怎么干

目标清晰的一大要义，就是不能总是随便想想。如果你有了一个远大的目标，之后却没有具体的任务，那么你的目标通常就只能停留在空想阶段。所以，对于拖延者来说，想要不加拖延地完成一件事，不论是兴趣，还是任务，都要将目标具体化，要具体到自己每天应该做什么，做到什么程度。

永远心潮澎湃，永远不止步于想。现在，把自己最想做的事情写出来，并尽可能地将它们细分成清晰的目标，一个一个地去完成吧。

最想做的事：

____

____

清晰的目标：

1. ____________________________________

2. ____________________________________

3. ____________________________________

4. ____________________________________

5. ____________________________________

别忘调整你的小心思

一口吃不成胖子，一天也戒不掉拖延。

所以，经过与拖延艰苦卓绝的斗争后，此刻的你可能仍然没成为那个满意的自己，仍然在拖延的边缘来回游走。

然后呢？

你可以选择重复以往的日子，做个不折不扣的“拖拉斯基”，也可以选择继续与拖延战斗，直至开启你的高效人生。比如，清晨被闹钟叫醒，你可以选择按掉闹钟，继续蒙头大睡，也可以选择对自己说：“快快起床，今天也要努力做到最好！”

总之，这一刻，你的小心思将决定你的一天如何度过。所以，想要真正地战胜拖延，成为一个高效的自律人，就要时刻关注自己的小心思，尤其是那些负面的想法。它们通常不会明确地从我们的嘴里说出来，比如，我们不会在起床时对自己说：“今天，我就是要继续做一个愚蠢的、懒惰的、不可救药的人，我就是要继续我悲催的生活。”但这的确是一些人每天都在做的事情。尽管它没有大声示威，有些人却每天都在遵从它的指示。日复一日，重复着拖延的坏习惯，造就糟糕的今天。

令人欣慰的是，我们有能力去改变。当我们的自我察觉能力提升了，能够早些意识到自己的状态时，就能够从思想到行动及时做出改变。但我们发现，大多数拖延者更多的是琢磨别人，很少探究自己的内心。

蕙兰是一个离异的中年女性。在刚刚离婚的一年里，她总是感觉命运对自己不公，让她遭遇了种种生活的不幸，每天除了郁郁寡欢，就是满嘴牢骚，没有一点儿价值感。

但后来有一天，女儿对她说："妈妈，你整天不开心，我也很难过。"她开始反思自己这一年来的状态，的确很差劲，由于一直沉浸在过去的痛苦里，根本没有心思做事。

于是，她决心改变自己。她在一家医院找了一份护工的工作，每天全身心地投入护理病人的工作中。第一天，她的工作就获得了医护人员及病患家属的认可。一声声"感谢"让蕙兰感觉到自己也是被需要、被尊重的，从此她工作更加认真、负责、热情，很快就成了护工当中的佼佼者。与之前只知道抱怨，每日郁郁寡欢相比，她发现，原来一个人的内心对行动有这么大的影响。

此后，她偶尔回想起那些年的不如意，也会尽快让自己的思维回到现在，她可不想再回到之前的状态！

觉察是改变的开始。当我们觉察到自己的不足，就有了改进的动力；当我们觉察到自己的情绪，就可以更好地调控；当我们觉察到自己行为的微妙变化，就能及时反思其中的缘故。

可以说，每一次觉察，都是心灵成长的契机，都是走向更好的自己。

当然，想要知道自己内心的想法并不像照镜子那样简单，它是一个慢慢觉知、觉察的过程。我们通过自己的言行感受自己的内心，通过了解内心调整自己的行动，如此往复，逐渐修正自己。

拖延也是一样，每个与拖延斗争的人，都会经历无数次的觉察与转变。当某一天你发现自己本该行动却没有行动时，先要审视一下自己，是不是有了拖延的倾向，又想偷懒或者逃避。如果是，哪怕是一丁点儿，也不能放任自流，要赶快将这个念头赶走，并强制自己立刻行动起来。否则，你很快又会回到事事拖延的状态中。

为此，当感受到拖延向你靠近时，要学会向自己发问：

此刻我在做什么？

我的想法究竟是什么？

我的感受如何？

我为什么这样做？

这样做，我将会有什么样的后果？

问完这一系列问题之后，你会发现一个有趣的现象：一旦你把问题暴露出来，它就变得没有那么可怕，也并非不可改变了。随后，你便可以很自然地去做该做的事情了。

拖延轨迹

问自己一些“硬核”的问题

一切始于选择，始于内心的改变，始于你愿意成为一个行动者，而不是拖延者。所以，你如果真的愿意升级思维和行动方式，就多问自己一些“硬核”的问题，激发自己做出改变的愿望。

* 你愿意用自己的行动获得成就和财富吗？

* 你愿意成为一个令人羡慕的自律者吗？

* 你愿意停止那些无意义的拖延吗？

* 你愿意停止做那些对结果没有任何意义的事情吗？

* 你愿意从现在开始变成一个坚定的行动者吗？

* 你愿意放弃过去那个懒散不堪的自己吗？

* 你愿意成为一个令人刮目相看的全新的自己吗？

感觉怎么样？如果你没有办法做到所有的答案都是“是”，没关系，反复问自己，直到它们扎根在你的思想深处。因为如果你总是回答“不”，那你读这本书的意义是什么呢？

06

关注习惯，吃饭睡觉都是自律的一部分

一个很明显的事实是，拖延者绝不会只在工作上拖延，他们往往在生活的方方面面都会拖延，从起床、吃早饭，到回家做家务、洗澡、睡觉……每一件事他们都可能拖延。同时，这些生活中小小的坏习惯也是拖延成长的温床。

盘点你的坏习惯

没错，生活中那些你不以为意的坏习惯常常是滋生拖延的温床。它们与那些容易引起人们注意的拖延一脉相承，却总是被忽视。比如，当你在上班时拖延了一项任务，大概率会造成一个让你不愿意看到的结果，可能是被批评、被降薪，甚至被辞退；但生活中的小事情不一样，你今天拖延了刷牙的时间并不会立竿见影地“报复”到你身上，或者你晚上因拖延得太晚，没有洗澡就上床睡觉，对你也不会有什么影响，第二天的工作和生活还是照旧。

但需要引起注意的是，这些坏习惯最终会影响到我们的健康，并加重拖延的问题。所以，在改掉它们之前，先来盘点一下，看一看自己中了几条。

（1）没有时间吃早饭。很多上班族，特别是年轻人，对早餐的理解是“可有可无”，为了晚起15分钟，或者为了晚一点儿出门，宁愿选择饿肚子。结果呢？整个上午都没精打采，仅仅是让自己稳稳当当地坐在办公桌前就已经用尽全力了，哪里还有精力好好工作呢？

（2）脏衣服要攒得足够多才洗。攒得足够多才值得放进洗衣机里一起洗，一两件衣服就启动一次洗衣机太浪费了。这是很多拖延者的说辞。但其实很多小件的衣物，比如袜子，可以用两三分钟就搞定，这远比让它们堆在屋里散发气味要好得多。

（3）起床困难户。为了上班不迟到，起床困难户们常常要设定三五个闹钟，因为他们太了解自己了，知道闹铃响了之后自己会把它关掉接着睡。为了防止睡过头，需要让闹钟10分钟后再次叫醒自己。有时，10分钟后还是不想起，脑袋里想着把什么事情压缩一下就还可以躺上几分钟，比如不吃早饭或者路上快点儿跑……

（4）离不开的餐桌。这倒不是说喜欢吃饭，而是围绕着吃饭，拖延者会做很多其他事情。最常见的就是一边吃饭一边追剧，一顿饭下来，两集电视剧都播完了。即便这样，吃完饭也不舍得离开，碗筷也不收拾，而是继续坐在餐桌前玩手机。

（5）睡前仪式花样多。明明已经到了上床睡觉的时间，却硬是要弄出很多事情来做，比如拿起书（通常看不了几页）、剪指甲（其实也没必要）、翻找衣服（未必第二天会穿）……总之，不提睡觉倒好，一说睡觉就会“空降”很多事情。当然，最耗时的还是最后一项——躺在床上后还要看一会儿手机，刷刷微信朋友圈动态，或者玩一会儿小游戏，反正不睡觉就对了。

（6）不注意个人形象。现在十分流行一种叫“办公室丑文化”的穿衣风格，意思是在办公室里穿得越舒服越好，有人甚至穿着家居服上班，男的胡子拉碴，女的头发蓬乱。这的确标新立异，也有很多年轻人竞相效仿，成了一种另类的“办公室文化”。

（7）不出门，不运动。除了上班不得不出门外，其他时间全部窝在家里，至于去做一些锻炼，让自己出出汗，那是万万做不到的。

除了这些，可能还有很多其他不起眼的坏习惯。尽管这些坏习惯看似无伤大雅，但天长日久，就会把人一步一步拖向邋遢，进而变得不主动、不积极，不仅有损形象，不利于健康，更是拖延者的大敌。

拖延者不能不在乎这些日常生活中的小拖延、小马虎，因为如果连这些事情都搞不定，哪里还有信心去做大事呢？相反，如果拖延者在生活中能够尽可能地克服这些小拖延、小瑕疵，那么就会对改变自己更加有信心，也就更利于克服拖延。

拖延轨迹

先笑一笑，再想一想

看到这里，越来越觉得自己的拖延太不像话了吧？是不是内心有点儿焦虑或者愤怒呢？那么，先放松一下，来看几个拖延小场景吧。

场景一：

后悔自己拖延时，心里想的是：明日复明日，明日何其多。不要待明日，不要再蹉跎！

下一次有任务时，心里想的是：明日复明日，明日何其多！既然那么多，为何不蹉跎？

场景二：

回家前：回家要打扫卫生、认真做饭、去锻炼、多读书……

回家后：床，真的好舒服啊！

场景三：

拖延中的你——

第一步，玩手机，玩手机，玩手机。

第二步，我怎么还不赶紧学习（工作）！

第三步，带着愧疚玩手机，玩手机，玩手机……

第四步，天啊，我这样真对不起大家！

第五步，带着更多愧疚玩手机，玩手机，玩手机……

场景四：

老板：请把“明天再做吧”这种态度从你的工作中删除！

你：好的，我明天就删除。

你有什么感想呢？

吃得饱，吃得好

你也许从来没有想过，好好吃饭也是一种难得的自律。

可是，你已经多久没有好好享受一顿美食了呢？所谓美食，不需要是山珍海味，而是你能够踏踏实实、心无旁骛地感受眼前的饭菜的味道，细细品尝它好吃或者不好吃，然后决定下一次要吃什么。慢慢地，把吃饭当作一件重要的事情来做，而不仅仅是维持生命体征的能量包。

看看身边的人，也看看自己——有人因为忙于工作，忘记吃饭；有人为了保持身材，不敢吃饭；有人为了缓解生活压力，嗜垃圾食品如命；有人为了追剧、玩游戏，食不知味；有人为了省事儿，餐餐外卖……好好吃饭，俨然成了一种奢侈。

一个年仅28岁的职场精英，竟然因为胃癌要把半个胃切除掉。他告诫周围的人说："还是要好好吃饭，没有什么比吃好饭更重要了。什么事情都可以拖延，可以糊弄，但身体不行啊！"

他说自己每天吃饭就像打仗。

早晨为了能多睡一会儿觉，从来没有做过早饭，也没有在早餐店里坐下来吃过，总是在上班的路上随便买点儿，一边吃一边急匆匆地赶地铁。快到地铁站时，他常常把没吃完的早餐囫囵塞进嘴里，整个过程5分钟都不到。其实，春、夏、秋还好，但是到了冬天，早餐刚拿到手就凉了，凉饭就着凉风下肚，常常让他难受半天。

午饭无论是去楼下的餐厅吃还是点外卖，从第一口开始就狼吞虎咽。虽然每次都会点自己想吃的食物，但不知为何，吃到嘴里总是感觉不到美味。他猜想，可能是心里总想着“上午的工作还没做完”“下午还有一大堆事情要做”吧，反正几分钟之内就要解决掉。

下班后呢？总可以放松一下，好好慰劳一下辛苦一天的自己吧？然而，并没有。拖着疲惫的身体，坐上1小时的地铁才能回到家。如果加班，那就会回得更晚。他宁愿多看一会儿电视或是干点儿别的什么，也懒得再买菜做饭了。于是，就在楼下的小餐馆随便对付一下，他还常常安慰自己说：“把肚子填一填就行了，还省得减肥了。”

一日三餐几乎都是“寥寥几口，草草收工”。

英国女作家弗吉尼亚·伍尔夫，曾说过这样一句话：“人如果吃不好，就不能好好思考、好好爱、好好休息。”

长期的饮食不规律，会导致身体的健康水平大幅下降，从而影响人的思考与日常工作。而且，当你连饭都不好好吃的时候，也从某个层面上说明你对生活的态度并非热爱，这会让其他的事情也受到牵连。

也许有人会说，现在生活、工作的节奏这么快，吃饭就会影响工作进度。其实不然。因为当你按时按量吃饭后，食物会为你提供足够的能量，让你更有精力去思考，更有能量支撑你完成接下来的任务。否则，强烈的饥饿感和疲惫感会让你的效率大打折扣，甚至无心工作。这样岂不是本末倒置了吗？

要知道，人生不是一两顿饭的工夫。吃饱吃好，既简单，又不简单。

拖延轨迹

如果我不想吃饭呢

知易，但行难。

也许你早就知道吃饭的重要性，但就是对吃饭提不起兴趣来。怎么办呢？

如果排除了生理性的问题，比如消化系统疾病等，那么，你就可以考虑下面的方法了。

（1）多回忆一些美好的吃饭场景，比如和自己喜欢的人或者朋友、家人一起用餐的快乐时光。当你又吃到那些食物时，就会唤起美好的回忆，饭菜也会变得可口起来。

（2）尝试自己制作美食。一般来说，只要做得不是太离谱，我们对自己的包容度会更高一些，可能会吃得更多一些。

（3）为比你更不会做饭的朋友做一顿饭，你也许会在他（她）的赞美和崇拜中，渐渐爱上做饭。

（4）与那些喜爱美食的人做朋友也是一种办法，他们对美食的热爱很可能会感染到你，让你从美食中体会到生活的快乐。

（5）把吃到的东西或者自己制作的食物发表在自媒体上，那些点赞和夸奖也可以成为激发自己好好吃饭的动力。

（6）管束小孩子的方法也许在你身上也适用，那就是减少零食或者高热量的垃圾食品的摄入。很多人喜欢在办公室备一些零食或者随身携带各种零食，如果你一个上午吃了两包薯片，那么，中午大概率就不会那么想吃饭了。

身体和灵魂总要有一个在路上

有时，人的想法非常奇特，竟然会羡慕那些一天到晚什么都不干的人，认为一个人如果可以什么都不做，只是窝在沙发里发呆、玩手机、追剧、吃外卖，就是人生的极致追求，并将其称为“幸福”。

但是，认真想一想，这难道不是懒惰吗？你以为那是安逸、福气，但实际上它代表的仅仅是无聊、倦怠、消沉。它剥夺了你对前途的希望，割断了你与外界的关联，让你的心胸无法容纳更多，让你对人生越来越怀疑。

所以，当你告别那些烦琐细碎的工作，终于有了独属于自己的时间和空间时，你会做点儿什么呢？是旅行、读书、健身，还是窝沙发里消磨时间呢？无论你心里有多少个答案，还是坚定地选择动起来吧——身体和灵魂总要有一个在路上。

20岁的柳然，身高155cm，体重竟68kg，为此，她有严重的身材焦虑，计划着减肥。

其实，从小学开始，柳然的体重就比身边同学的重。原因是她从小由爷爷奶奶带大，老人对她十分溺爱，她也就养成了好吃懒做的习惯。上学期间，总会有些同学拿她的身材开玩笑。只不过，乐天派的她并没有太在意，依然乐呵呵的。

直到她上了大学。她原本以为其他同学也会像她一样，更加放松，大家都会窝在宿舍里追剧、打游戏、闲聊，然而除了她自己，其他人都有自己的事情要忙。有人泡图书馆；有人做兼职；有人去游览所在城市的名胜古迹；有人努力学习，想要拿奖学金；甚至有两个同学已经开始为考研做准备。

柳然看着自己的衣服尺码，听着手机里传来的无聊的笑声，突然感觉自己的学生时代不应该这样度过。之后，她开始跑步。由于长时间缺乏锻炼，每次刚跑一会儿，她就气喘吁吁、大汗淋漓；但她慢慢地从每次跑1千米、2千米，逐渐变得能跑5千米、10千米。当然，伴随着规律的运动，她的体重也在慢慢下降，半年之后，她已经成功减掉了11千克体重。

不久，学校组织了一次“校园跑”的活动——半程马拉松赛，柳然欣然报名了。一路上，她听到同学们的欢呼和赞叹，也听到自己内心的独白——动起来，一切都会不一样！

柳然说得没错，动起来，你就会发现一个新的世界。当然，动起来的也可以是灵魂。你可以多读书、多学习、多思考，那样你会感觉到这个世界的一切和你之前感受到的并不一样，这是因为你的认知在不断提高，你思考问题的角度已经发生了变化，你的格局在某一个你没有察觉的时间突然打开，你已经不再是过去的自己了。

在跑步圈流行着一句话：3千米专治各种不爽，5千米专治各种内伤，10千米跑完，内心全是坦荡和善良。

无独有偶，阅读圈也有类似的话：10本书你会产生疑惑，50本书你会找到答案，100本书读完，你就明白了半个人生。

所以，如果你工作繁重，无法行千里路，也可以选择每天坚持阅读，放下手机，到书中的世界去转转，同样可以领略人间百态和万千气象，为今后创造自我天地而储备砖瓦。

如果你能够让身体和灵魂同时在路上，应该更加美妙吧。如果不能，那么至少选择一个吧。

拖延轨迹

你的身体或灵魂能干点儿什么

电影《罗马假日》中有一句经典的台词：You can either travel or read,but either your body or soul must be on the way.（要么旅行，要么读书，身体和灵魂总有一个要在路上。）

其实，我们大可不必局限于旅行和读书两件事，只把它看作精神和肉体的成长就好了。这样一来，我们能做的事情就多了。

或者，你也可以寻找适合自己的其他事情，无论干点儿什么，只要对身心有益就好，哪怕是参加农耕，或者只是随意看看你生活的街道，都会让身心得到滋养。

按时睡觉是一个人顶级的自律

根据马斯洛的需要层次理论，生理需求是一个人的最底层需求，但是生理需求对人的行为激励作用最大。就像我们常说的“身体是革命的本钱”，生理需求得到足够的满足，才能促使人们追求更高层次的需求。

所以，好好睡觉，也包括上一节说到的好好吃饭，作为满足生理需要的最基本的内容，是我们应该最先保障的自律。但是比起吃饱、吃好，面对快节奏的工作和生活，越来越复杂的人际关系，层出不穷的诱惑、压力和烦恼，睡得早、睡得好似乎更加奢侈。

中国睡眠医学协会调查显示，在我国，七成以上的年轻人有熬夜的习惯，而90%的年轻人猝死、脑出血、心肌梗死都与熬夜相关。另外，英国科学家通过研究发现，中年后睡眠紊乱对日后认知功能的影响不容小觑，最重要的结论是：每晚睡眠时间少于六小时会对认知能力产生负面影响。

所以，好好睡觉，胜过吃药。

哲学家叔本华也曾就睡眠有过精辟的论述，他说：睡眠就是向死亡借贷，睡得越多，还款期限就越长。

小雷前段时间刚刚查出了轻度肝硬化，虽然不是肝癌，但如果不能好好控制病情，患上肝癌的概率特别大。

小雷看着医生给他开的一大堆药品，发愁地说："这么多药？每天都得吃几十颗药片，能不能少开点儿药？"其实，小雷这样说也是心疼那高昂的药费。现在，父亲瘫痪在床，妻子要照顾父亲和两个孩子，根本无法出去工作，全家人的一日三餐全都要靠他一个人去拼搏。

也正因为如此，小雷在工作之余还做了很多兼职工作，熬夜到一两点是常事。不管多累，他都咬牙坚持，不断地鼓励自己：加油，你是这个家的支柱，多干一点儿，家里人就可以过得好一点儿。

可谁能想到，他自己先出问题了呢？想着医生跟他讲述的病因——睡眠不足，劳累过度，小雷一时间竟不知道以后的路该怎样走了。

当然，像小雷这样生活所迫导致睡眠不足也实属无奈，但无论如何，以睡眠作为代价，长期下去总归会得不偿失。

不过，也有很多人熬夜并非真的是因为迫不得已，而是因为不想睡。有人说："忙了一天，终于有了一会儿属于自己的时间。"有人说："躺下也睡不着。"当然，有很多人说，自己不是不想睡，而是做不到。虽然知道睡眠的重要性，但每到了晚上就无法自控：要么手头有乱七八糟的事情耽误睡觉，要么就是躺在床上，脑袋里也都是乱七八糟的事情。

有这样一句话：自律的尽头，不是想做什么就做什么，而是想不做什么就不做什么。所以，让人无法按时睡觉的根源往往就是抵挡不了诱惑，从而无法掌控睡眠。比如，你不想看手机但还是拿了起来，你不想胡思乱想却平静不下来。

其实，好好睡觉，既不是放下工作玩手机，也不是什么也不干地躺在床上，而是让自己的身体得到充分的休息，只有这样才是对一天损耗的精力的弥补和对疲惫的身体最好的治愈。

那么，如何做呢？

首先，最好要把睡觉的时间固定下来。这样我们的身体就会慢慢形成自己的生物钟，到了该睡觉的时间，躺下就可以睡。否则，生物钟就会不知所措，到了该睡的时候不困，到了需要充沛精力的时候大脑却要“罢工”。

其次，锻炼身体必不可少。很多人入睡困难都因为存在情绪的问题，而运动可以让大脑的化学状态趋于平衡，让人的心情平和愉悦，从而减少失眠的困扰。

最后，良好的生活习惯也很重要。研究认为，高脂、高糖、高盐、高能量的饮食可以减少褪黑激素的分泌，导致入睡时间延迟；而在夜间摄入烟、酒、咖啡、茶等令人神经兴奋的东西，也是直接影响睡眠的因素。

如果以上方法都不奏效，你还可以试着把那些你喜欢做的事情放在起床之后去做，比如网上购物、听歌等，这样既可以让你第二天愿意起床，也能够激励你早一点儿睡觉。

当然，所有的建议都是次要的，因为最重要的是，你要有好好睡觉的决心。

拖延轨迹

睡眠小知识

从古至今，人们都在试图了解人在睡眠时身体究竟发生了什么。

研究发现，大脑在睡眠时不是“关机”了，而是“切换到另一种模式”了。

（1）许多与细胞修复相关的基因转录和蛋白合成在睡眠中更为活跃，被普遍认为可能是在修复觉醒期间积累的损伤；

（2）人体在睡眠时突触结构会重塑，部分突触连接被弱化，并删除无用信息，以保证醒来时的学习能力；

（3）睡眠中仍有许多脑区处于兴奋状态，甚至睡眠本身也有赖于睡眠相关环路维持；

（4）大脑的“睡眠工作内容”还包括脑脊液的流动以及大脑代谢废物的清除；

（5）深度睡眠时脑垂体前叶分泌生长激素；

（6）睡眠中海马体神经元还会再现觉醒期的活动以巩固记忆。

是不是很有趣呢？不过，睡眠领域内仍存在一些悬而未解的经典疑问，比如：我们为什么会做梦？梦的功能是什么？但不管怎样，就目前的研究看，好好睡觉总没错的。

小表格里的大玄机

对于想要从拖延者蜕变成自律者的人来说，那些看似有点儿孩子气的表格常常有神奇的效果。

1.作息时间表

你可以按照自己每天生活的大致内容将24小时分成几个大段，这样你就可以将具体事件的时间安排得更为准确，比如：你每天需要工作几个小时（包括通勤时间），休闲娱乐多久，睡眠多久，其他项目（比如学习）要多久。

但有人发现，即便自己制作了非常详细的时间表，甚至精确到了几点几分，最终却总是无法实现。原因可能就在于执行的过程中出了问题，也就是说在该做什么事的时候不够专注，比如：吃饭的时间追剧了，结果吃饭的时间延长了；工作的时间在茶水间聊天太久，导致工作延后，不得不加班；在该学习的时间，被朋友拉去小酌了几杯。

所以，为了能够坚决地执行你自己的作息时间表，你需要学会向一些人或事情说“不”。

* 那些工作时间总喜欢拉着你闲聊的人。

* 休闲娱乐项目安排得太多。

* 说话绕圈子，浪费时间。

…………

2.工作进度表

所谓工作，并不仅仅指职场工作，因为每个人都有自己的主业，比如，一个家庭主妇每天的工作可能是收拾房间、买菜、做饭、接送小孩等，学生的工作是每天要学习的课程、要做的习题等。确定了自己的工作内容之后，就可以制作一张工作进度表，这样具体该做的事情就会一目了然。

* 列出马上就可以做的、简单的、短时间内就可完成的事。

* 大事化小，先把工作拆分成几个小部分详列在纸上，再把各个小部分划分出具体的步骤，确保每一个步骤都可以在一个时间段完成。

* 在工作进度表上标注每个步骤的起始时间。

* 在进度表的最后一栏记录完成情况，用以监督项目进度和完成度。

和生活作息表一样，工作进度表也涉及能否顺利执行的问题。为此，那些还在努力想要成为自律者的人可以试试“五分钟热度”：设定五分钟的闹铃，在此期间强制自己不间断地去完成那些已经拖延的事项，闹铃响时，休息一下，并欣赏这五分钟的成果，然后重复这一过程，直到你无须借助闹钟。

另外需要坚持一个原则就是，每一个步骤开始后，不完成绝不停下。如果遇到特殊情况，不得已中断，最好也要告一个小的段落，以便衔接下面的工作。

3.奖励计划表

“我已经不是小孩子了，做事还需要奖励吗？”答案是肯定的。只要你做得好，你就应该得到奖励。没错，就像小孩子那样。你既可以奖励自己一杯奶茶，也可以奖励自己玩半小时的手机，或者奖励自己一件新衣服、一副新球拍。

为什么要奖励呢？因为奖励机制在心理学中有着重要的作用。奖励可以作为一种正面的自我反馈，帮助拖延者在努力保持自律的过程中调节情绪，释放压力，建立积极的心理状态，并为其提供继续前行的动力。

所以，制作一张小时候那样的“小红花榜”吧。

拖延轨迹

你有没有自己的作息时间表

从清晨醒来到晚间上床睡觉，这一天该如何安排呢？我们不妨来参考一下下面的时间表。

6：30—7：00 逐渐苏醒。研究发现，起得太早，血液中引起心脏病的物质含量较高，所以不要着急起床。

7：00 起床。将身体切换到清醒模式。

7：00—7：30 简单舒展身体。这可加速新陈代谢，使情绪变得积极。

7：30—8：00 早餐。早餐对提供能量和维持血糖稳定很关键，千万要认真对待。

8：00—9：00 通勤。利用路上的时间收听新闻或有声读物，可帮助激活大脑神经。

9：00—10：45 攻克难题。此时思考、分析和记忆能力最强，是学习和工作的最好时段。

10：45 —11：00 休息一会儿。久坐族起身活动一下身体，喝杯咖啡或绿茶，眺望窗外，放松眼睛。

11：00—12：00 吃点水果。上午是一天吃水果的最佳时机。此时血糖可能会有一些下降，让身体无法专心工作，水果是最佳的加餐食物。

12：00—12：30 午餐。无论多忙，都应该享用一顿营养可口的午餐。

12：30—13：00 午休。小睡30分钟就可以很好地为身体充电。

13：00—16：00 创意工作。午后思维最活跃，适合做创意性的工作。

16：00 简单加餐。酸奶或能量棒都是不错的选择。

16：00—18：00 细致工作。此时我们的大脑渐入佳境，可以安排细致密集的工作或会议，集思广益。

18：00—19：30 晚餐。和家人一起进餐，细嚼慢咽，彼此分享工作和生活见闻，建立亲密关系。

19：30—20：30 运动。晚饭后，为避免久坐，除了做简单的家务，还可以散步或慢跑、健身等。

20：30—21：30 投入爱好。夜深人静，做点儿自己喜欢的事或陪伴家人，让神经放松。

22：00—23：00 睡觉。充分休息有利于身体器官修复，也有助于第二天按时起床。

看一看，是不是可以作为参考呢？

07

整理时间：开启倍速人生

在时间面前，任何的偷懒和耍赖都愚不可及。它最终只会让你陷入拖延的旋涡，让你焦头烂额。一个人只有学会善用时间，才能顺利逃脱拖延的魔爪，才能掌控命运的走向，才能开启你的倍速人生。

牢记“时间即成就”的规则

孔子说：“逝者如斯夫，不舍昼夜。”时间就像流水一样，日夜不停地哗啦啦地流淌过去。无论你是谁，无论你在哪儿，每个人的一天都是24小时，不偏不倚，一分钟不多，一分钟不少。

可见，没有什么比时间更公平了。

但面对如此公平的时间，人们所创造的成就却大相径庭。原因在于人们利用时间的方式不同：有人蹉跎岁月，而后碌碌无为；有人惜时如金，终究令人瞩目。

又可见，不同的人对时间的利用千差地别。

很多人可能听说过美国著名的思想家本杰明·富兰克林珍惜时间的有趣故事：

有一天，富兰克林的书店里走进来一个男士，但这个男士并没有像其他顾客那样拿书，付钱，走人，而是在里面徘徊了近一个小时。最后，店员终于忍不住开口询问，他才拿起一本书，问道：“这本书多少钱？”

“1美元！”店员回答。

“能不能优惠一点儿呢？”这人又问店员。

店员为难地说：“这本书的价格就是1美元，已经定好了的，不能更改。”

可是，这个男士既没有买书，也没有走，而是看了一会儿，又问道：“请问，富兰克林先生在吗？”

“在，但是他正在印刷室，他非常忙。”店员说。

“麻烦您请富兰克林先生出来，我一定要见见他。”这个男士一再坚持，店员只得无奈地将富兰克林找来了，并说明了情况。

看到富兰克林，那个男士似乎很有把握地说：“富兰克林先生，我很喜欢这本书，请问这本书您最低多少钱可以卖给我呢？”

“1美元25美分。”富兰克林不假思索地回答。

“什么？1美元25美分？刚刚您的店员还说1美元呢！现在您竟然无故涨价了？”男士不解地问。

“是的，1美元是刚才的价格，现在它的价格是1美元25美分，”富兰克林说，“不过，我想告诉您的是，就算我直接给您1美元我都不愿意中断我的工作。”

富兰克林给那个顾客上了一课：对于想要做事的人来说，时间就是金钱，就是成就。富兰克林还有一句名言：“你热爱生命吗？那么，别浪费时间，因为时间是组成生命的材料。”

曾国藩就将自己的日常管理践行到了极致。他曾给自己定下了“日课十二条”，范围全面，内容具体，时间精准，涵盖了作息、用餐、读书、工作、运动、言行等方面，就连起床时间、书读几页、书籍类型、写字时长、几时运动等，都有确切的时间和量化要求。他靠着遵循这些看似细枝末节的日常时间管理，一点点儿地提升自己，硬是将自己从一个毫不引人注目的“笨小子”，打磨成了“晚清第一名臣”。

说到底，还是因为惰性是人的天性，不给自己要做的事情设定一个时间限制，人就很容易在天性的支配下懒散懈怠，得过且过。

所以，如果不想虚度光阴，就要学着做时间的规划师，给重要的事情下达时间KPI（绩效指标），让自己在一定的压力下慢慢自律起来，让自己的每一分、每一秒都能够创造价值。

当然，任何规则在执行的过程中都会让人感觉疲劳，甚至厌倦，因为这终究是在与人的天性做斗争。但只要坚定信念，坚持下去，就终究会收获一个更加优秀的自己。

拖延轨迹

你想用时间换什么

想一想，每天你糊里糊涂度过的至少一小时，你希望它能给你带来什么呢？写下来，用以提醒自己，不要毁了自己的“金山”。

假如我有一小时，我想用它换取__________而不是__________。

假如我有一小时，我想用它换取__________而不是__________。

假如我有一小时，我想用它换取__________而不是__________。

假如我有一小时，我想用它换取__________而不是__________。

假如我有一小时，我想用它换取__________而不是__________。

非常实用的“二八定律”和“四象限法则”

“二八定律”，也被称为“80/20 法则”“关键少数法则”“帕累托法则”等，是指20%的变因操纵着80%的局面。此概念最早是由意大利经济学家维弗雷多·帕累托提出：意大利约有80％的土地由20％的人口所有，而80%的豌豆产量来自20%的植株等。

此后，人们注意到很多事情都符合“二八定律”，比如20%的人掌握着世界上80%的财富，团体中20%的人常常可以代表80%的人发言，20%的企业控制着80%的市场，等等。

于是，人们开始研究效率问题，并将其广泛应用于工作当中。当然，在实际工作和生活当中，我们也许无法完全做到20%和80%的划分，但只要抓住其主旨就可以在更短的时间内做更多的事情，即将大部分时间用在少部分重要的事情上。

为此，你还需要了解“四象限法则”。这是一种划分事情重要和紧急程度的标准。

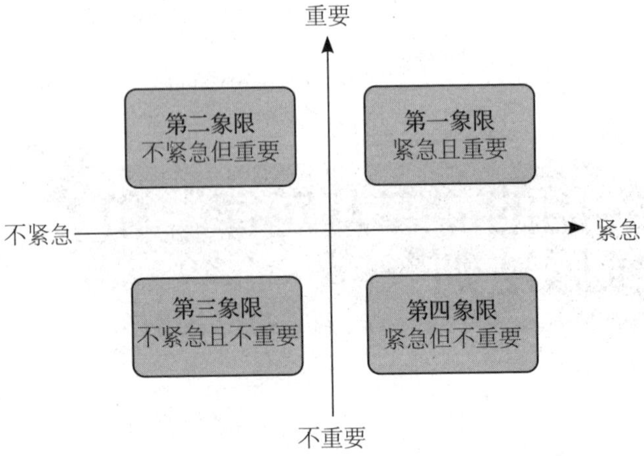

第一象限：紧急且重要的事情，需要尽快处理，最优先。

第二象限：不紧急但重要的事情，可暂缓，但要足够重视，是应该做好的事情。

第三象限：不紧急也不重要的事情，可考虑安排他人、推迟或考虑是否可以不做。

第四象限：紧急但不重要的事情，需要尽快处理，但因为不重要，可考虑安排他人去做。

通常来说，第一象限的事情肯定是马上就要做的，且毫无疑问；第三象限的事情，一定是放在最后的，你甚至可以选择做或是不做。最具迷惑性的是第二、第四象限，因为第四象限带有“紧急”二字，常常让人误以为重要，于是忙着去处理，结果浪费了时间，但并没有什么收获。所以，我们最应该关注的是第二象限的事情，因为它们虽然不紧急但是重要，说明这些事情很可能是关系长远发展的事情，因此它们也最有可能占据80%的利益，需要分配的时间也应该是最多的。

当我们明确了哪些是工作的重点之后，就有了方向和目标，接下来就是认真执行了。

拖延轨迹

你是20%，还是80%

“二八定律”不只存在于工作中，生活中也随处可见，也适用于我们自己。不妨看看自己究竟是哪一部分人：

20%的人成功，80%的人不成功。

20%的人正面思考，80%的人负面思考。

20%的人想找一个好员工，80%的人想找一份好工作。

20%的人做的是事业，80%的人做的是事情。

20%的人认为行动才有结果，80%的人看不到结果就不愿意行动。

20%的人用钱投资，80%的人用钱购物。

20%的人在为目标而努力，80%的人还在努力找目标。

20%的人放眼长远，80%的人只顾眼前。

20%的人计划未来，80%的人睁开眼睛才想今天要干什么。

20%的人愿意把简单的事做好，80%的人不愿意做简单的事。

20%的人明天的事今天做，80%的人今天的事明天做。

20%的人在想“如何能办到”，80%的人在想“这不可能办到”。

20%的人受成功者的影响，80%的人受失败者的影响。

20%的人愿意尝试改变，80%的人喜欢一成不变。

20%的人愿意赞美、鼓励他人，80%的人喜欢嘲讽、批评他人。

20%的人愿意疲惫地坚持，80%的人愿意愉快地放弃。

所以，你自己呢？

屏蔽烦人的干扰项

我们知道，拖延者的大多数拖延都是“有意为之”，因为他们原本就没打算从一开始就铆足了劲把事情提前完成。但有时候，拖延者也会觉得委屈：明明自己并没有想拖延啊，而且从一开始就想尽快完成任务的呀！可常常一整天下来，什么正经事都没做成，不过是鸡零狗碎的一天。

我们把计划做得好好的，但计划之外总会出现各种干扰，影响任务的完成。要想解决干扰的问题，就需要从两方面入手。

一是锻炼自己的专注力。当我们有了足够的专注力就不会被其他的事物吸引。比如，有的人为了锻炼专注力，会刻意选择在一些环境嘈杂的地方学习，或者做一些提高专注力的游戏或训练。

二是屏蔽外来干扰。你可以选择在安静的地方学习，或者关掉手机，等等。但职场人往往身不由己，那么，就要学会拒绝干扰。比如，拒绝那些没事儿就找你聊天的人或总是请你帮忙的人；另外，一些与工作无关的社交软件也可以关闭，以减少干扰。

至于选择哪种方式来屏蔽干扰，完全可以根据自己的实际情况来。自制力比较好的人，对环境的要求可能并没有那么高，因为这些人可以通过自制力来实现工作的高效率；那些自制力弱的人，可以通过选择或是营造干扰少的环境来提高效率。

当然，在工作和生活中我们无法完全避免外界干扰，所以，有些事情要尽量提前进行或者在规划任务时留出一小部分时间（注意，这里留出的富余的时间千万不要用来拖延），以便应付一些琐碎的但又不能不做的事情。不管怎样，只要你真正想高效做事，克服拖延，就总会找到适合自己的办法的。

拖延轨迹

心眼子练习——如何拒绝他人

其实，很多来自外界的干扰都源于我们不会拒绝，结果浪费了很多宝贵的时间，导致任务拖拉。所以，不妨来练习练习如何拒绝那些来自他人的不太合理的要求或请求吧。

（1）对于分外工作。分外的工作无疑会让你自身的工作向后拖延，所以必然要拒绝。你可以说：“我理解您的困境，但我现在负责的是××工作，两边忙的话，恐怕都做不好。所以，您是不是可以考虑一下让其他有空的同事来承担这个工作？”

（2）对于客户的无理要求。客户就是上帝，但上帝有时候不讲理，我们也没必要一味迁就。你可以说：“我理解您的需求，但是非常抱歉，根据我们的规定，实在无法满足您的要求。但是，我们可以探讨一下是否有其他解决办法。”

（3）对于同事工作时找你聊天。有些人自己的工作处理完后就喜欢到处找人闲聊，导致别人无法完成工作。你可以说：“太感谢你的分享了，但我还有一项任务马上就要提交，完成后我约你喝咖啡，咱们继续聊。”

（4）被请求处理紧急任务。你可以说：“王总刚交代我马上把××做好，不然您跟王总沟通一下，他这个任务停一下，我先帮您解决。”

（5）被频繁邀请参加聚会。你可以说：“每次收到你的邀请，我都感觉心里热乎乎的，不过，我最近陪家人的时间实在太少了，正努力补偿家人呢。过段时间，我们再聚一下。”

（6）被要求做不擅长的工作。你可以说：“实在抱歉，我在这方面毫无经验，真是爱莫能助啊！我就不给你添乱了，你要不看看谁有经验来协助一下？”

…………

说“不”并不意味着你就是一个坏人，而是意味着你对自己的权益的维护，也意味着你对他人与自己的界限的尊重。从现在开始，勇敢地拒绝那些不合理的要求吧，为自己赢得更多的时间和空间。

盘活你的零碎时间

我国有机构做过粗略统计，统计显示：普通成年市民每天在电子产品（包括电视、手机等）前的时间为3小时38分钟，学历越高，工作时间越长（高学历者的工作时间是低学历者的3倍）、学习时间越长（高学历者平均日学习时间为50分钟，而低学历者平均日学习时间不超过10分钟）。此统计还显示：高学历者的收入是低学历者的6倍。

生活中，很多人都觉得，人与人之间的贫富差距、成就大小差别，与一个人的努力并没有太大的关系，反而受环境、运气、家庭条件、性格等方面的因素影响更大。然而，爱因斯坦说："人与人的差异在于利用业余时间。"

就像前面我们提到的，无论你是谁，无论你在哪儿，每个人的一天都是24小时，不偏不倚，一分钟不多，一分钟不少。所以，当你意识到自己的时间总是没有别人的多时，大概率是因为你没有充分利用时间，导致你的时间没有产生价值。

那么，时间从哪里来呢？

《人民日报》给出了几个用好零碎时间的小技巧，希望对大家有启发。

（1）明确事项。把零碎时间和具体目标一一对应起来，比如你可以将上班路上乘坐地铁的时间用来上一节电子课程。

（2）确定顺序。你可以按照从急到缓的顺序，把你想要在零散时间做的事情列一个计划，只要有零碎时间，你就按照顺序一项一项去做。

（3）屏蔽干扰。专用时间保持专注，避免无故消耗。比如，你可以把手机放置在不易拿到的地方，避免随手拿起手机翻看而耗费时间。

（4）善用等待。利用排队等时间阅读或者思考如何与客户沟通，构思一个文件样式等也可以在无聊的等待中进行。

（5）随手记录。我们常常会有一闪而过的灵感，但如果不记录下来，之后就再也想不起来了。随手记下来不过一分钟的时间，却能为我们留下很多好想法。

（6）定个期限。如果没有截止日期，做事的积极性就会大打折扣，更何况我们需要利用零碎时间。所以，你可以制订一个几天之内完成某个小任务的计划。

（7）自我奖励。给自己设定一个完成目标后的自我奖励，目的是以正向反馈的方式对自己的努力加以肯定，增强继续努力的动力。

（8）拒绝拖延。因为是利用正常生活和工作以外的时间来做事，所以更要拒绝拖延；否则，要么完不成这些小任务，要么影响正常的工作和生活。

总之，谁对时间吝啬，时间就对谁慷慨，要想不被时间辜负，首先你不能辜负时间。哪怕是再细碎的时间，只要你足够珍视，也一样会给你回报。

拖延轨迹

你有哪些零碎时间和零碎事情

仔细想一想，自己一天中除了工作、吃饭、睡觉以外，还有哪些空闲时间段，以及自己有哪些事情是可以在零碎的空闲时间内完成的。试着写出来，或者制作一张表格，并完成它们。

零碎时间	可做的事	完成时间
1		
2		
3		
……		

如果你每天可以利用5段零碎的时间，就说明你已经进入了珍惜时间的圈子了，那么，你就可以奖励自己一点儿什么了。

你也有“神奇三小时”

“神奇三小时”的概念是著名的时间管理大师哈林·史密斯提出的，其目的是鼓励人们早睡早起。比如每天早上五点起床，就可以比别人更早地展开新的一天。哈林·史密斯提倡人们早起的另外一个原因是，每天早起的这“神奇三小时”内，我们可以不受任何干扰地做自己想做的事。

不过，也有很多人质疑这个观点，认为不过是将时间做了一下调整，没有什么大不了的。但这一观点并非凭空提出的，而是经过了科学证明的。20世纪50年代末，生物学家赫森在研究中发现，早晨五点至八点是人一天中效率最高的三小时。赫森的解释是，某些血细胞的数目在一天之内并非总是相同的，而是要根据它们从体内产生的时间而定，但这一变化有迹可循，即细胞的数目会在一天中的某个时间段较高，而十二小时之后则较低。心脏的新陈代谢率和体温等也有同样的规律。他将这一发现称为“时间生物学”理论。

随着赫森这一理论逐渐进入大众视野，很多人的生活也因此受益良多。

1.感受心灵的宁静

身处快节奏的现代社会，人们十分渴望心灵的宁静，而在“神奇三小时”里，周围的一切都在沉睡，不会有人打扰你，甚至连电话也不会有，此时最容易享受难得的宁静。

2.带来超高的效率

这一段时间是一个人精神最集中、思路最清晰的时候，如果此时做一些工作上的事情，常常可以事半功倍。

3.培养良好的习惯

“早睡早起”是老祖宗们早就提倡的生活习惯，正所谓“一日之计在于晨”，早起可以让我们从容地而不是手忙脚乱地开始一天的工作，给予我们的是绝对正能量的认同，从而使我们一天都信心百倍，并且让我们越来越愿意早睡早起。

早起有这么多好处，你是不是也心动了呢？需要注意的是，“神奇三小时”，或者说“早睡早起”并不是要剥削我们的睡眠时间，相反，它是在帮助我们调整睡眠及起床时间，从而达到高效率利用时间的目的。比如，如果我们晚上十点睡觉，早上五点起床，那么我们的睡眠时间是七个小时；如果我们深夜十二点睡觉，早上七点起床，那么我们的睡眠时间仍旧是七个小时，做事的效率却不一样。而且，早起还会带来一系列的良性循环。

总之，要想做好自己的时间管理，就必须了解自己的生理特点，掌握自己的生理节奏，用好这每天的“神奇三小时”，就能享受更轻松、更简单的生活。

拖延轨迹

早起后干点儿什么

对于有拖延问题的人，早起做事比晚上做事要实用得多。晚上学习，听起来很好，执行起来却举步维艰，因为夜晚总是让我们产生“时间还很多”的错觉。结果，原本打算看一小时的书，中间却发生了很多事，比如一会儿整理书桌，一会儿洗两件衣服。那么，早起的时间里，我们可以做点儿什么呢？下面的一些达人推荐，不妨作为参考。

（1）认真梳洗打扮自己（男士也一样，干净帅气才是职场人该有的样子），以崭新的面貌迎接新的一天。

（2）你的梦想是什么？拿出十分钟给今天做个计划，这样你一天的行动就有了方向。

（3）阅读自己喜欢的书籍。“书以陶性情，诗以养静观”，多读书会让你发现一个不一样的自己。

（4）适当运动。运动会促使身体分泌多巴胺和内啡肽，可以让自己一天都很开心。

（5）享受美味的早餐。不用心急火燎地去赶公交车，可以慢慢准备一顿可口的早餐，开启一天的能量。

…………

当然，每个人都有自己的安排，你也可以按照自己的实际情况安排“神奇三小时”的内容。

08

适度放松，磨刀不误砍柴工

没有人能够拥有无限的体能和精力，我们不得不受限于我们有形的身体。所以，我们会在努力工作之后感觉疲惫，会在拼命学习之后感觉烦躁。其实，这都是身体在向我们发出信号：我想换一种方式努力了！

是运动，更是精神的修炼

拖延的人常常处于精神麻木的状态，对任何事情都提不起兴趣，自然也就不愿意行动；自卑、压抑还会让他们变得精神脆弱，不是折磨别人，就是内耗自己。

但假如拖延的人有了一项自己喜欢的运动，情况就会大不一样了。就像有句话说的："你流过的每一滴汗水，都在塑造一个不一样的自己。"

运动医学研究发现，运动可以加快新陈代谢，促进毒素排出体外，增强身体的免疫力和灵活性。同时，运动医学专家还表示，运动过后，身体血液循环加速，能够激发大脑的学习能力，会让人思路清晰、认知灵活，而且记忆力也会增强。所以，如果你感觉自己做事的状态实在太差，不妨先让身体动起来。

当然，对于拖延者来说，运动的好处并不只是让你拥有一个好身体或者好身材，更重要的是，运动还可以让整个人的精神面貌发生巨大的变化。特别是规律性的运动，不但能够帮助人驱逐焦虑、改善情绪，更能让人产生对生活的掌控感。当我们的身体长期处于这些"快乐因子"的刺激下，整个人都会积极向上、精神饱满，做起事来也更加有信心。

刚到公司时，青青并不受同事们的欢迎。她不仅体态臃肿，做事拖拉，脾气还颇大，经常对一些看不惯的人和事发牢骚或抱怨。为此，其他同事没少在领导跟前告她的状。

后来，青青渐渐地意识到大家对她异样的态度，也意识到自己的问题，于是决心改变。她的方法就是让精神和肉体都成长起来，于是她开始练习游泳，同时一有空就拼命读书学习，努力提升自己。

现在她已经学会了三种泳姿，英语水平也上了好几个台阶。最重要的是，在自我蜕变的过程中，青青发现，通过读书她开始变得通透，以前自己对他人的偏见，或者他人对自己的评价，如今看来都变得没有那么重要了；而通过游泳，她变得更加热爱生活、积极向上了，她在一天一天的锻炼中看到自己越来越好，大受激励，时常对自己说："动起来吧，就现在。"

运动不一定能改变人生的长度，却可以改变人生的宽度。

所以，不管什么运动，跑步、健身、游泳、踢毽子……只要动起来，你就已经在改变了。坚持运动下去，当有一天你回首时，就会发现你早已站在了另一个高度。

拖延轨迹

领取你的"运动大礼包"

适合我们的运动有很多，来看看你最喜欢哪一项。

*有氧操：适合休闲时间进行，可提升心肺功能，缓解疲劳。

*游泳：适合下班后进行，属有氧运动，可提高身体的耐力和柔韧性，对身体塑形也很有帮助。

*快走：适合早晨或晚上进行，可提高心肺功能，促进血液循环。

*慢跑：适合早晨或晚上进行，可提高心肺功能，保持身心愉悦，空腹晨跑有助于减肥。

*瑜伽：适合休闲时间进行，可放松身心，缓解压力，提高睡眠质量，提高身体柔韧性。

*爬楼梯：随时随地都可进行，简单有效的有氧运动，可提高心肺功能，增强腿部力量。

*跳绳：随时随地都可进行，简单、方便、高效，可增强心肺功能，锻炼协调性和敏捷性。

*舞蹈：适合下班后进行，充满乐趣，既能锻炼身体又能够享受音乐，放松身心。

背包，相机，目的地，下一站，继续努力

在拖延者的心里有两个执念：一个是“所有的事情都是麻烦的”，另一个是“还不如在家待着呢”。

每个休息日，他们都重复着同样的过法：睡到日上三竿，饿了订份外卖，然后躺在床上看电视、玩手机。晚上倒是舍不得睡，但同样在看电视、玩手机。垃圾堆了一大堆，也不愿意专门去扔；楼下就是早点摊，因为不想动，他们宁愿不吃。偶尔也想出去转转，但一想到还要换衣服、换乘两次地铁，干脆又躺下了。

在拖延者看来，除了躺着不动以外，其他的事情都意味着麻烦，更别提旅行了。说到旅行，他们只会想到收拾东西、订机票、赶飞机、走路脚疼、东西吃不惯等，这些念头足以让他们忽略掉旅行带来的快乐和新奇感受。

但越是这样，拖延者就越是应该多出去看看，往往看着看着就找到了乐趣，同时也就克服了自己的懒惰心理。不仅如此，对于那些焦虑性的拖延者，适度放松也可以让负面情绪得到缓解。毕竟，好心情才是一切行动最有力的助推器。

但实际上很多人，或者说拖延者并不认为旅行对工作或者行为有多么大的影响，他们可能会说：有这功夫，还不如多做点儿工作呢。

可是，我们都知道，习惯拖延的人即便不出去旅行，也不会把事情做得多好、多快。反倒是那些喜欢到处转转的人，总是能够把时间以一当十地利用起来。就像教育学里常说的一句话：会玩儿的孩子才会学。

所以，一场愉快的旅行常可以为我们带来多个维度的积极影响。

首先，旅行能显著缓解压力。沉浸于自然风光或异域风情之中，日常工作和生活中的琐碎与喧闹都会不自觉地向后退去，我们紧绷的神经和疲惫的身体都可以得到休息。物理与心理上的“双重逃离”，会有效减轻因压力而产生的不良情绪。

其次，激发新思维。旅行是一种陌生化的体验，全新的环境和文化，常可以使我们跳出固有的思维模式，从不同的角度来看待相同的问题，帮助我们寻找新的视角。

最后，促进自我反思。旅行时（特别是独自旅行时），我们可以有更多的时间与自己进行深度对话。这种可以深达灵魂的自我探索的过程，才是真正有助于我们重新找回热情和动力的法宝。

当然，旅行并非解决所有工作问题的万能钥匙。它更像是一种调节剂，帮助我们调整状态，以更好的姿态回归工作。关键在于，旅行归来后，如何将这份新鲜感和获得的启示转化为实际行动，持续提升工作效率和生活质量。

拖延轨迹

旅行真的很麻烦吗

很多拖延者拒绝旅行无非是看到了旅行的麻烦，但如果你认真思考以下几个问题，“不想动”的想法也许会有所改变。

（1）收拾行装很麻烦吗？（即便不出门，我们也要经常把衣服整理一下的。）

（2）订票、订酒店很麻烦吗？（其实，你每天玩手机的时间可比订票的时间多多了。）

（3）怕吃不惯吗？（问问自己，每天点的外卖都很合自己的口味吗？）

（4）担心旅途劳顿吗？（你完全可以用半天的时间坐在一个陌生的地方发呆。）

（5）害怕回来后第二天上班没精力吗？（可以提前一天回来休整身体。）

（6）只有一天时间呢？（那就在附近的公园转转或者来一次近郊骑行。）

（7）不知道如何选地点吗？（第一次可以请朋友推荐，第二次及以后自然就知道了。）

（8）旅行真的能让人发生改变吗？（试几次就知道了。）

这样的话，你还会觉得旅行很麻烦吗？

美食也是最好的安慰

汪曾祺《家常酒菜》一文中说："油条两股拆开，切成寸半长的小段。拌好猪肉（肥瘦各半）馅，馅中加盐、葱花、姜末。……用手指将油条小段的窟窿捅通，将肉馅塞入，逐段下油锅炸至油条挺硬，肉馅已熟，捞出装盘。此菜嚼之酥脆。"

可见，"吃"不仅仅是维持生命体征的必需，更是一种仪式，是治愈伤心和负面情绪的良药。所以，我们才会经常看到有人伤心时，关心他的人会问："你饿不饿啊？要不要我煮碗面给你吃啊？"或者说："楼下新开了一家馆子，我们去尝尝，好不好啊？"

所以，享受美食算得上是这个世界上最幸福、最治愈的事情之一！

美食治愈心情并不是贪吃人的借口，而是有科学根据的。

（1）食物具有奖赏效应：当我们摄入美味的食物时，其中的糖分和脂肪可以迅速激活脑内的奖赏系统，释放多巴胺等精神活性物质，从而产生满足感。

（2）影响神经递质的合成：食物中的色氨酸、酪氨酸等氨基酸，以及镁、锌等矿物质，可影响大脑神经递质的合成，从而调节情绪。比如，富含苯乙胺的巧克力可促使大脑释放多巴胺，使人产生愉悦感；香蕉中富含的色氨酸则能在人体内转化成血清素。

（3）影响肠道微生物：肠道微生物群听起来与情绪不太相关，实际可以通过肠—脑轴影响心理健康。科学家研究发现，多吃富含益生元纤维的食物可以显著降低感知压力水平，改善睡眠质量。

（4）刺激大脑边缘系统：美食的香气可以刺激大脑的边缘系统，让人的情绪变得积极起来。另外，制作美食以及品尝美食的过程本身就是一种自我疗愈的过程，可以帮助人们专注于眼前的美好。

所以，如果你正在经历焦虑、无助、悲伤、压抑、烦恼等负面情绪，不如去吃点儿最想吃的吧！当然，不能暴饮暴食，否则美食就成了身体的另一个负担。

拖延轨迹

饮食如何影响情绪

食物不同，富含的营养也就不一样，对情绪的影响也不一样。现在，快来看一看哪种食物最符合你的情绪吧。

*全麦面包：碳水化合物可以帮助增加血清素，具有一定的抗抑郁的功效。

*南瓜：富含维生素B6和铁，可以帮助体内储存的糖原转变成脑部唯一的燃料——葡萄糖，从而让人保持好心情。

*牛奶：牛奶中的色氨酸参与人体血清素的合成，血清素是一种帮助大脑感到放松的神经递质。

*鸡肉：鸡肉中富含的大量硒元素可以帮助人保持愉悦的心情。

*葡萄柚：葡萄柚里大量的维生素C不仅可以增强抵抗力，还可以抗压，而且维生素C也是多巴胺、肾上腺素的重要成分之一。

*樱桃：樱桃中的花青素能够制造快乐，心情不好时吃上20颗樱桃就可见到效果。

*香蕉：香蕉中的生物碱可以振奋人的精神和提高人的信心。

*大蒜：大蒜虽然味道不太好，但会让人情绪平缓，而且可以对抗疲劳和焦虑。

*巧克力：巧克力中的某些成分可以刺激大脑产生内啡肽，并能帮助身体产生血清素，从而改善心情。

*深海鱼：鲑鱼、金枪鱼等富含ω-3脂肪酸，对大脑的健康十分重要，能帮助减少抑郁和焦虑。

*坚果：坚果富含营养元素，这些物质都能帮助大脑合成血清素，从而改善心情。

*绿茶：绿茶中的茶多酚可以帮助减轻压力和焦虑，而其含有的L-茶氨酸则能刺激大脑产生血清素和多巴胺，让人感到快乐。

有一种解压方式叫倾诉

很多人都有过这样的体验：当自己被误解、责备，或是心情极度郁闷时，如果能找个可靠的朋友聊上一会儿，把自己的委屈、愤怒、不安都一股脑儿地说出来，就会立刻感觉轻松了不少。如果能再一起吃顿好吃的，用美食来安慰一下心灵，烦恼就会消失殆尽。

可见，倾诉是释放心理压力最简单，也是最有效的方法。心理学上对倾诉的定义如下：倾诉是一种心理宣泄的过程，表现为通过主动与他人分享自己的感受、想法和困扰的方法，达到减轻心理压力的目的。因此，倾诉也被叫作“主动心理调节策略”，属于直接的情感发泄。

在我们的生活中，压力无处不在，学业、工作、家庭等随时都可能会遇到各种不如意。当这些负面情绪积累到一定程度时，就会对我们的身心造成不良影响。主动倾诉，让压力释放出来，则可以让我们以最快的速度回归正轨。

“霍桑实验”也证实了谈话对人的行为产生的影响。

1924年至1932年，乔治·梅奥在美国西方电器公司霍桑工厂进行了一项长期研究，旨在研究外部环境对工人工作绩效的影响。试验分为四个阶段，但照明试验、福利试验和群体试验都没有发现对绩效产生明显影响，只有第三阶段的访谈试验效果显著。

他们对两万余名员工进行个别调查访谈，旨在了解员工的内心感受和工作态度，了解员工的需求和愿望。试验发现，在工作环境和福利待遇不变的情况下，通过访谈倾诉和发泄不满与压力之后，很多员工的工作效率得到了明显提高。

试验表明，让人们把痛苦和烦恼发泄出去，对身心健康和工作状态都十分有利。

那么，如何主动倾诉才能很好地释放压力呢？

首先，当然是找到合适的倾诉对象。我们要选择自己信任的人，如家人、朋友或心理咨询师。如果你随便找个人大吐苦水，可能自身不但得不到安慰和情绪宣泄，还会让人感觉很厌烦。

其次，正确地表达。所谓正确地表达就是将自己的感受、想法和困扰用清晰、准确的方式说出来，比如“我有点儿难过”“我感觉很气愤”“我很犹豫”等。切记，是表达情绪，不是抱怨和发牢骚。如果你说“这个社会真糟糕”“命运对我不公平”“这简直不是人干的活”，那就可能会让对方觉得你真是个大麻烦，他们会想尽办法早点儿离开你。

最后，要有度。“度”是一个只可意会，不可言传的要求，但总的原则是，既不让自己陷入过度的情绪波动，也不让对方感到有压力。

做到了这几点，我们通常可以在倾诉中获得情感上的支持和理解，从而感受到安慰，变得更加轻松。

其实，良好的倾诉不仅能够帮助我们缓解情绪，还可以建立人际连接，增强双方被认可和被接受的感受。此外，朋友或专业人士常常可以为我们提供客观的、不同于自身的看法，有助于我们更全面地看待自己的问题，更清晰地认识自己的需求、特点等。

总之，找到对的人，没事儿聊几句吧。

拖延轨迹

倾诉不一定要“说”

说到“倾诉”，我们通常想到的就是“说出来”。实际上，倾诉可以有多种形式，我们可以选择最适合自己的那一种。

（1）面对面交流。这是最常见的倾诉方式，与自己信赖的人面对面交流，可以直接表达自己的感受和困扰，并且能够迅速获得反馈和支持。

（2）电话或聊天软件。如果信赖的人不在身边，电话或聊天软件也是很好的选择。这种方式既不受时间、地点的限制，还可以具有一定的隐私性，获得反馈和支持的速度通常也不会很慢。

（3）写信或写日记。如果你不愿意与人直接交流，就使用最原始的手段——写信或写日记。把感受和情绪写出来，也是一种对压力的释放。

（4）心理咨询。如果自我调节无效，也可以选择更专业的支持，心理咨询师可以提供更专业的疏导和安抚。

（5）艺术创作。画一幅画、写一部作品、唱一首歌、插一束花都可以作为情绪的出口。